U0458088

KAWAI HAYAO

河合隼雄 著

林静远 译

「老いる」とはどういうことか

日渐衰老意味着什么

上海三联书店

目录

之二 治愈的时刻

之三　回归自我

之四 人生的深度

之五　渐渐看明白的事

有关"衰老"——与多田富雄的对谈

訳者のことば

老去和死亡，是很多人避之唯恐不及的话题。当我们年青力壮时，看到颤颤巍巍的老人不由得心生怜悯，不能健步如飞的日子还有什么意思？如此沉重的自然规律，沉重到我们不敢去面对，能躲多久就是多久，假装自己永葆青春。

可谁又能躲得过呢？走过发育成长的巅峰点，其实每一天我们都比前一天更加少一点点活力，只不过变化是那么微小，以至于很长时间根本感觉不到它的存在。日积月累，某一天身体突然告诉你：你老了！你看书模模糊糊，你做事体力不支，你说过的话转身就忘，你读了一半的书过一阵子再拿起来连不上前边的情节……

惊觉自己步入如此境地，我们只剩下惊慌

失措吗？我们只能唉声叹气吗？幸好不是。失去年轻时的精力旺盛、才思敏捷，人生照样有意义。只是，需要思考、需要体验，越早面对这个命题我们获得的收益越大。不仅事到临头时不会措手不及、乱了方寸，而且对眼下的每一天都有指引意义。况且那也是年轻人将来的必经之路，不必把衰老死亡的课题单单留给老年人。

知道怎么老去，才知道怎么让身强力壮的年代更加精彩；知道死，才知道怎么活。

回避不是解决方案。面对，是一条或早或晚都逃不掉的关口。

早比晚好，从读这本书开始吧。

李 静

2022 年 8 月 8 日于上海

（原文中言及的书籍因存在未在国内出版、没有权威的书名翻译的情况，因而译文中均列出原始书名并在括号中标示中文，以便查找原文资料并理解原书名大意；原文引用的其他著作内容，译文均依照原文所引日语翻译；注解如无特别说明，均为译者注。）

文庫版 まえがき

文庫版[1] 前言

---

1 文库版：普及型轻型纸小开本平装书籍，适合随身携带、随时随地阅读。与文库版相对应的是首发单行本。出版社一般会选择出版后引起公众关注的单行本，再次编辑成文库版本出版，以普及阅读。文库版一般由出版社按分类、领域等因素集为系列丛书。例如本书即编入《讲谈社 +α 文库》系列。

本书得以讲谈社＋α文库的形式出版，非常荣幸。书中内容能够借机与更加广泛的读者群体见面，感激不尽。

托现代医学进步之福，人类的寿命逐渐延长。在这样的客观背景下，促成了社会整体发生了一些变化。越来越多的人开始把"渐渐老去"作为一个重要的人生课题，甚至不少年轻人也开始用心思考如何接受日渐衰老的父母。

人类越来越长寿，无疑值得额手相庆，但好像并不是单纯地高兴高兴就一切顺风顺水了。这也算是人生的难点所在吧。以前，人们心里打算活到五十多岁就差不多了吧，未曾想随着时代的进步，寿命又多出了好多年。面对毫无思想准备的诸多老年现象，满脑子都是找不到解答的困惑。

现在，可以说"衰老"已经成为日本的重大社会问题了。老了，总不是什么好事，连大众媒体上也频频出现"应对老年问题的策略"等字眼，到处都在为如何"解决老人问题"而绞尽脑汁、出谋划策。从好的一面来说，反映出日本整个社会开始关心高龄者了，但"应对策略"这种词儿泛滥却让人不得不深思。

我年过六十五岁，已经加入到老人的行列里了。但说心里话，其实一点都不希望别人对我筹划些"策略"什么的。换句话说，所谓策略，就是把老人作为一类对象而模式化，研究研究，找出应对老人的标准化方法。这种策略，着实难以恭维。在制订把所有老年人都胡子眉毛一把抓的对策之前，首先要意识到每一个老人都是人，是一种独特、固有的存在，才有可能形成真正的人与人之间的关系。

基于这种观点，本书中没有给出整齐划一的应对老年问题的策略，也没有形成与老年人相处的行动指南。成书的来龙去脉就像后记中所讲的那样,《读卖新闻》文化部的宫部秀氏给了我一个提案,思路和我的想法非常契合,就是做一个既不是对策、也不是指南的短小专栏。以此专栏为媒介,与读者互动,将有关"老年问题"的思考深化、扩展开来。

最初抱着轻松的心情开始,想着如果哪天再找不出有意思的话题,就爽爽快快地结束吧。没想到,宫部氏的烘托和引导颇有成效,在这个过程中从读者那里得到了出乎意料的反响,支撑着我把每天连载的专栏坚持了半年。能写这么久,真是出乎我自己的意料。

非常令人欣慰的是,在专栏连载过程中,不仅能与老年读者互动,还有很多年轻人也主动参与讨论。所以,我在想这次文库本出版后,会不会也有很多年轻的读者啊。

年轻人读了有关老年人的话题,然后能开始思考自己的人生,是一件令人高兴的事情。毕竟,那也是一条明日自己将要走的路。

后记里边提到,专栏连载结束后,我和兔

疫学家多田富雄先生作过一次双人讨论。借文库版出版的机会能将两人交流的内容也收录进来，非常令人高兴。谈话中多田先生讲的"老人的谢幕舞[1]"这个词是那么的美，至今铭记在心。借本书出版的机会，再次对多田富雄先生表达衷心的感谢。

最后想引用社会学家鹤见和子[2]先生的诗集《回生》给这篇文章做个结尾，正巧这首诗写的是她新近遇到的有关衰老的体验。

鹤见先生在十六岁时就师从佐佐木信纲出版了诗歌集，但那以后只专注于社会学领域的专业研究，脑子里再没有给诗歌留下过任何空间。她最近因脑梗病倒，发病的当天晚上竟然

1　日语原文为"入舞"，指在日本舞乐中舞蹈结束后，舞者再次上台，在舞台中央列为一纵队，在反复演奏的乐曲中顺次退场时的舞蹈。

2　鹤见和子：1918—2006年，日本社会学者，上智大学名誉教授。津田英学塾毕业后，留学美国瓦萨学院、哥伦比亚大学读哲学专业，后回日本生活。专业领域为比较社会学，首倡"自发性发展论"，出版学术著作、诗歌集等多种。父亲鹤见祐辅为日本著名政治家，弟弟鹤见俊辅为日本著名哲学家、思想家。

脑海中不断地涌现出诗歌。最近再次出版的诗歌集的作品都是这次生病后的新作。

介绍一下诗集中起首的一曲，

半世纪的死火山轰然鸣动，浓烟滚滚中诗的火焰喷发

（半世紀死火山となりしを轟きて煙くゆらす歌の火の山）

静止不动了半个世纪的死火山，出人意料地突然间喷发出了新的能量。脑血管突发疾病，在关闭脑神经网络中原本畅通的道路的同时，又给常年处于堵塞状态的路径赋予了新的活力。

这个例子在我们思考"日渐老去"的课题时富有启发意义，非常高兴能在本书中作一介绍。

本书的出版和以往的每一次一样，都离不开讲谈社第二文化出版部猪俣久子女士的多方关照，在这里请容许我表达衷心的谢意。

河合隼雄

未知なる
もの

之一　未知之事

1. 说好的不是这样啊

现代社会的老年问题已经不容忽视。问题严重到什么程度呢？我们举个例子来说吧。

比如说大家去参加社区的运动会，来一个 500 米跑步比赛。当你拼尽全力超过别人、马上冲刺就要到终点了，组织者过来告诉你说："错了错了，你这个项目应该跑 800 米的，接着再跑 300 米吧"。这时，你会有一种什么情绪呢？

如果一开始就告诉你是 800 米，你肯定会合理地分配自己的体力，按照 800 米的节奏跑到终点。满脑子 500 米就是终点的念头，穷尽全力、咬牙撑到只剩最后一口气时，人家才跑来说不是这么回事，可这接下来的 300 米该怎么办呢，哪里还有劲儿再继续拼啊！

现在的老年人问题也类似这样，曾几何时

人生 50 年是常识。正想着自己这一辈子活得差不多，终于快该扔下所有的人生负担去另外一个世界了，有人跑过来告诉你"别急别急，你还得再活 30 年"，这不一下子就乱套了吗？

过去也有人很长寿，但总归是特例，而且他们有自己与众不同的生活方式。但到了现代社会就不一样了，普罗大众的人生终点都更加遥远了，每一个人都不得不思考衰老后的生活。

这么看来，现代人的"老去"之路，是人类至今为止还无人走过的未知之路。在日渐衰老的路上行走，意味着日渐进入未知的世界。

接下来的日子，想借此地跟大家一起好好思考一下这个未知的问题。一开始没有打算摆出一个高高在上的架势，接下来也就不会有正儿八经的理论体系，想到哪里就说到哪里吧。在这个过程中，如果读者们能够得到一点启发，让自己的思维发散，找出适合自己的方法，那就再好不过了。

2. 逆向思考

"老去"是一个相当困难的话题，我们在这里肯定给不出一个包治百病的解答。下边这个传说故事，没准儿能提醒我们来一个彻底的思路转换吧。

很久很久以前，有一个地方的显赫人物认为人老了什么都干不了，都是废物，就下令让大家把老人都扔到山里去。有一家的儿子实在不忍心扔掉自己的老父亲，只好把他藏起来了。

有一天，该大人物突发奇想，说想要一条用灰做的绳子。人们绞尽脑汁想办法，要用灰编起一条绳子来，却怎么也编不成。

那个藏着父亲的儿子实在没辙就去向父亲请教。父亲告诉他：用稻草紧紧地编一条绳子，然后用火点着它。儿子照做了，得到一条整齐的灰绳子，献给了主宰一方的大人。

大人大悦，问起来到底是谁出了这么好的主意？儿子只好坦白：自己违命藏匿了父亲，是父亲教他的。大人这才意识到，原来老人是有智慧的。于是命令，以后不许扔老人了，都留在家里好好地养着吧。

这个故事有趣的地方在于先编绳子然后再让它变成灰的反向思考。我们也学学这个老人，来反向思考一下"老人问题"。能不能从"老人什么也不干，废物"转换成"正是因为老人什么也不干才有特殊的精彩之处呢"？

青年乃至中年人，精力旺盛，这个也要、那个也放不下，成天忙得团团转。想想，这种生活状态何尝不是因为怀揣着对长长人生的不安，以忙为借口在回避难题呢？

什么也不干、仅仅是"在那里"，把这样的老人姿态投射到忙得不可开交的年轻人身上，我们应该能看到一个不可思议的投影吧。

3. 回"自己家"

时常有机会接触到在养老院工作的人们。听他们讲养老现场的事情，总会引起很多思考。其中有一件事情给我留下很深的印象。

养老院住着不少罹患老年痴呆的病人。可能是这种病症的特性吧，有些人会突然想离开养老院，回家！工作人员一个不留神，不知什么时候他们自己就跑出去了。

其中，特别是女性，说到回家，这个"家"多数指的是自己从小生长的娘家。即使已经结婚五十年了，提到家这个概念，脑中浮现的还是最早二十年生活过的家。

一般来说，比起近期的事情，老人对很久以前的事情记得更加清楚。但仅仅用这种通论来解释，还是显得有些草率。比如说，壮年期的人，梦中"自己的家"也经常意味着自己出生长大的家，而不是结婚以后住着的家。

从小长大的"自己家"和现实中住着的"家"，在内心深处有着难以言说的不同回响。

这里我们让思维跳跃一下吧：如果一个人的内心有着坚实的"自己的家"，那么无论何时、身在何处，即使独处都不会迷茫彷徨，大概也不会时不时地吵吵着想要"回家"。

如果再让自己的思路发散一下，把"回家"引申为"回归大地"，那么，或许有着"回归大地"思想准备的人，内心应该是强大的。所谓"入土为安"吧。

不过，也有不少人，年轻的时候想得好好的，以为自己早已经悟透，等到真的老了却整日心神不宁，并没有想象中的那份从容。探索的进程中，路真是没有尽头啊。

4. 始于老后

在 NHK 的新春对谈这类节目中，曾有幸与日野原重明[1]、中村元[2]两位先生当面讨论过一些话题。日野原先生的一段话给我留下很深的印象。从这个节目中我学到了很多东西，但限于篇幅，只能介绍下边这么一段。

1　日野原重明：1911—2017 年，日本著名医生。京都大学医学博士，圣路加国际医院名誉院长。在日本首创面向健康人群的定期高精度综合体检并推进其体系化，提出将包括高血压、高血脂、高血糖等在内的受生活习惯深度影响的疾病归类为"生活习惯病"的概念，倡导预防医学，并为普及临终医疗关怀做出诸多贡献。退休后一直无偿从事医院门诊等工作，并活跃在科普、电视、剧院等场合，关注社会问题，直至去世。文化功劳者及文化勋章受奖者。著作众多。

2　中村元：1912—1999 年，日本著名印度哲学家、佛教学家、比较思想学家。东京大学名誉教授，日本学士院会员。译作、著作众多，并参与编撰佛教词典数种，出版有《中村元选集》第 1—32 卷、别卷 1—8 等。作为佛教学权威学者曾多次赴欧洲、美国讲学。获勋一等瑞宝章、文化勋章、紫绶褒章。

　　日野原先生是圣路加看护大学的校长，很早就开始关注"死的临床"。基于他丰富的临床经验，面向社会，发表过很多关于"衰老和死亡"的深刻见解。

　　日野原先生谈话中强调的内容有一点非常引人深思，即"始于老后"。从年龄上来说，逐渐在衰老。但这个时期能够开始一件新的事情，对老年生活来说意义重大。单纯的兴趣也好，一点点工作也好，不拘形式，什么都可以。

　　后来读了先生的著述，才发现他不是用开始的"始"，而是用"创"这个字[1]，创造的创。更加发人深思。

　　我在瑞士留学时的恩师迈耶先生，七十多岁了，还在练习吹巴松。目睹他这种生活姿态，着实令人敬佩。迈耶先生自己说道："人到这个年龄，每天还能感觉到自己在进步，实在是难得的福气。"

1　日语中，"始""创"均可读作はじめる。发音相同，所以在对话时听不出区别，要看到文字才能意识到不同。

　　即使年老依然可以进步，这话确实非常有深意。就算都这把年纪了，不要先给自己泄气，鼓起勇气来，开始做些什么吧。

　　再仔细想下去，没准儿"死"也可以说是一种新世界的开始。不要因为老了就光想着怎么结束，一定程度练习一下怎么开始，面对"死亡"的到来，会更加从容吧。

5. 大脑保健操

今天引用一下 NHK 新春对谈时中村先生谈到的话。

众所周知，中村先生是印度哲学、佛教学的大学者，真是字面意义上的读破古今东西万卷书的大学者。有关佛陀，他孜孜不倦地追寻原著，日积月累地研究，尽可能忠实地反映、传递语言的原意。对他这种学究的姿态，本人始终佩服有加。

可是在对谈中，他竟然张口就说"日本的学者成天一门心思地研究文献，实在不可取"，太让人吃惊了。在我的心目中，中村先生本人才是那种强调"文献研究"之重要性的人。

中村先生说起，成天读文献，把这里那里的文献都收集到一起作比较，看上去很像是在

"做学问"，但仅仅这样是没有意义的。"自己不思考是没用的"，中村先生如是说。人要活出自己独特的人生，就要有自己独特的思考，这才是钻研哲学应有的姿态。整日忙于介绍别人的思想，不能够成为哲学。

中村先生不仅思考富有柔软性，而且总是那么精力充沛。这种姿态本身就是力量的源泉吧。即便老了，也要独立思考。不仅是身体需要活动，大脑同样需要健身体操。

说句私心话吧。我不是读很多书的人，听到中村先生说"只研究文献，没用"，内心止不住悄悄地高兴。其实中村先生并没说"不读书就好"，但是，管不了那么多了，我就不受任何人影响，挑一些适合自己的书好好读吧。就此心满意足。

6. 多穿穿和服

正值新年，随处可见穿和服的身姿。无论什么时候，看上去都让人感到那么美。

不管是在电车上还是在街上擦身而过，那些年长女性身上能让人眼睛为之一亮的优雅，应该是来自和服的独特风格吧。

西洋的衣服都是严格量好每一个人的尺寸，成衣后完全契合某一个特定的人的体型。而且穿着方便，并不需要穿衣人额外下工夫去思量如何穿一件衣服。而和服，裁剪的基本原则就是直线，不拘泥于某人的尺寸。因此，和服怎么穿就有了发挥自己个性的空间。相对于西装，穿和服时人们也更加注重如何穿出自己独特的美。可能这些都需要经验积累，所以一般来说穿和服走在街上的女性，越是年长，容姿就越是富有生机、优雅迷人。

当然年轻人穿和服也是非常美丽的，但好像和服与人还没有足够的时间互相适应，总有些穿着别人的衣服、刻意而为的感觉。不假以时日，难以浑然融合成有机的整体。

说到这儿，好像耳边已经能听到抗议声了："太失礼了！我的衣服是自己的，才不是借别人的。"真的，不是指和服本身自己买的还是借的，而是一种人和衣服互相都还没有习惯的感觉。

说起"美"，人们一般习惯性地联想到"年轻"。这么说，很多情况下可能都是有道理的，但至少在和服这件事情上，情形不大一样。

不好意思，具体是谁说的记不清楚了，有一位美国人曾感叹道：和服有一种内在的要素，年龄增加，优美愈加，非常不可思议。

嗯嗯，我也深有同感。有些国家习惯于显露身体曲线竞相展现人体美，对这样文化背景的人来说，不容易察觉到和服的这个特点吧。

各位年长的朋友们，不想多穿穿和服吗？

7. 给自己点儿奖励

得到奖励总是一件令人愉快的事情，虽说有些人声称自己做事从来都不是为了得到外界的奖励。但即使本意不为奖励，能够得到的时候，应该也还是会很高兴的吧。

作家埴谷雄高[1]从昭和21年（1946年）就开始写小说《死灵》，现在已经八十多岁了，还在继续写。这样的作家真是少有。读埴谷先生的评论集《雁和胡椒》中有这么一段，写得很有意思。

他特别喜欢匈牙利的托卡伊阿苏贵腐甜酒，

1　埴谷雄高：1909—1997年。日本评论家、作家。代表作之一的超长篇小说《死灵》写作计划为12章，直至去世前完成了9章，成为世界文学史上首创的形而上学型思辨小说，得到很高的评价。代表作有《不合理ゆえに吾信ず（不合理，故我信）》、《虚空》、《闇のなかの黒い馬（暗夜中的黑马）》及《死靈》（未完成）等。

每到深夜写作时，总少不了一边写作、一边一口一口抿着 3 篓的贵腐酒。

托卡伊贵腐分等级，4 篓的价格几乎是 3 篓的两倍，5 篓，那就差不多是 4 倍了。平时他都备着这三个不同等级的酒。《死灵》每一章完结的时候，就拿出 4 篓的。非常重要的场景完成时，就会请出 5 篓的，饮一杯孤独的庆功酒。

也就是说，埴谷先生自己给自己准备好了奖品，自己给自己发奖。用自导自演的一出表彰仪式，激发着自己的创作欲望。

用他自己的话说，其实花上四倍的钱，也不见得好喝到哪里去。"但深夜孤独的几杯酒，算是一种自我欺瞒的庆贺吧"。这种毫不做作的说法，说明他虽然花了心思独创了自我嘉奖仪式，但没有迷失自我、自以为是地陶醉其中。到底是大人物，头脑这么清醒，佩服！

为了让自己的老年更加有意义，可能需要在生活中这样那样的场景中，自己动脑筋下点功夫吧。

8. 想"离家出走"

曾有一位近七十岁的女性到我这里咨询，说过下边这样的话。

回想一下自己的人生，从孩提时代起就一直听从别人的意见。小时候竭尽全力地遵从着父亲的意志，结婚以后听丈夫的。丈夫去世以后，又唯儿子之命是从。

这么长的人生，根本顾不上自己的想法是什么。生活中从来没有过一次是按照自己的意愿行事。也从未体验过做自己想做的事情是一种什么感觉。

她还说到，每次被丈夫喊到名字，不是说"来了"以后再起身，而是在"来"字刚出口的瞬间人就得同时弹起来，否则就会被嫌弃动作太慢了。

　　我就这么听着，听她讲着、讲着……不禁感到通过对方的叙述好像看到了她的人生。

　　随时随地在待命，要么在伺候着谁、要么在听从着谁的指令，完全没有自我意识。一生就是这样度过的。

　　歇了一口气，她又说道："可是，到了今天，我真是特别想去做一件自己喜欢的事情。"

　　问她："那你想做的事情是什么呢？"回答说："想离家出走！"

　　我的内心混杂着共鸣和惊愕，一时间不知该说什么好。她看我这样，又接着说："无论如何，想体验一次。切断跟家里所有人的一切瓜葛、牵连，自己一个人逃出去。"

　　在咨询过程中，就这么交谈着。结果是，最终她并没有在现实世界中将"离家出走"付诸行动，但这位女性说起想离家出走时眼中闪现的少女般的光辉，实在令人难以忘怀。

9. 老化的尺度

人，随着岁月流逝渐渐老化，这是不可抗拒的自然规律。但问题经常会出现在对自己的老化程度没有一个清晰的认识时。总觉得自己还年轻着呢，勉强去做一些力所不能及的事情，经常就会因为这样闯下祸来。

比如说老花眼，自己明白是怎么回事，那么戴上眼镜就可以弥补衰老带来的不方便。像老花镜一样，面对老化带来的各种缺失，人们已经发明了各种各样的应对方法。

说到对自己老化程度的认知程度，相对来说，身体的变化还是比较容易感知到的。如果涉及心灵老化，常常非常难以觉察。

我在这儿提出一个指标，看是否能用来检测老化程度。人如果到了张口闭口总是在责备

"现在的年轻人，真不像话"，就可以说已经开始老化了。

"年轻人"，说起来就是简简单单一个词。但把人世间万千年轻人都装进贴了这个标签的大筐子里，就很没有道理。在"老年人"和"年轻人"这样一组对立的概念中，下意识地站在了"老"的一边，毫无疑问是一种老化现象。

仔细观察一下，会发现周围有一些三十多岁、甚至二十多岁的人也经常会说："现在的年轻人……"可以说这些人在相当年轻的时候就已经呈现出精神上的老化现象。倒不是说出现这种状况一定不好，但自己要有所觉察。

比起西洋，日本对"老"的评价比较高。或许和这样的文化背景有关联吧，人们平常并不忌讳把"老"表现出来，看上去年轻时已经表现出老化的人也就比较多。

既然是这么回事，那就下决心不说"现在的年轻人如何如何"吧。可奇怪的是，越是这么下决心还越是时不时地就想说。人就是这么有趣，什么事情都没办法给出划一的结论。不管好还是不好，每当忍不住想说"现在的年轻人……"时，需要意识到：嗯，自己好像又老了那么一点点。

10. 看不见的"偷窃"

有个中年男性来咨询关于他母亲的事情。

自己是独生子，但结婚后还是和父母分开住了。父母也很赞同，说这样大家比较省心。日子就这么太太平平地过着，一直没出过什么问题。

现在母亲渐渐高龄，脑子好像开始出了些问题。有事没事的，就说自己家的东西被人"偷"走了。而且非常令人尴尬的是，他母亲说自己被偷走的项链，跟他妻子的一条项链一模一样。实际上并不一样，只是比较像而已。从此，但凡说起东西被盗，都认为是自家媳妇偷的。

不仅在家里说，还成天到处跟别人唠叨："我家媳妇偷我的东西"。

实在没办法，儿子只好带着母亲去看医生。医生这样那样检查了半天，说脑子看不出有任何异常。在医生那里搞不明白到底是怎么回事，就上我这里来咨询了。

在老年人身上发生的各种各样的妄想症，"失窃妄想"确实很常见，老是觉得自己的东西被人偷走了。但这次来咨询的情况，好像很难草率地归类为妄想症就撒手不管。换一个角度想想，或许这是年老的母亲为寻求与儿子沟通发出的信号。趁此机会，我们不应该用心去解读一下母亲想表达的到底是什么吗？

母亲发出的信号其实很简单："你到底知道不知道你妻子从我这里偷走了什么？"

这位男子后来总算察觉到："哦，对了，是不是把自己的独生子偷走了？"

人生过程中，有时需要"偷窃"，但一定要有相应的补偿。忽略了这一点，债主会在意想不到的时候以意想不到的方式出现在面前，执拗地讨债。

11.“抄写经文”的手

好像年纪大的很多人都有抄写经文的习惯。单从静心、练字的意义上来说，就已经是一件非常了不起的事情了，抄写的内容又是具有非常重要意义的经文，更加好。

如果能够在静静的寺院里某个房间抄写经文，真是可以体验到纷乱的心绪得到整理、精神渐入安宁的过程。

在日本古来就有这样一种习惯，把自己抄写的经文供奉给寺院，祈祷能在极乐净土获得新生。不会写字的人，或者字写得不好的人也可以付酬金给写字漂亮的人，让他们为自己抄经，然后供奉给寺院。

有关抄经的故事，古代文献里有不少记载。

《宇治拾遗物语》[1]的《敏行朝臣之事》中讲了这么个故事。

从前有个叫敏行的人，书法特别好，经常受人之托帮人抄经。某一天突然被别人强行拉着来到了阎罗王面前。原来，因为敏行在抄经之前，经常吃鱼啦、与女人交媾啦，没有净手就直接抄写经文。委托他写经的人都因此落到地狱里去了，由此结下了很多怨恨，被强行拖到阎王跟前。这时候他才发现自己写经时用的墨水汇成了一条黑黑的河流。

故事的后续也非常有意思，这里就省略了。无论如何，说明了一件事：用不干净的手写经，适得其反。这一点很有趣。

那么，习惯抄写经文的人，偶尔反省一下好像也是有好处的：自己在用什么样的手抄写经文？

---

1 《宇治拾遗物语》：推测成书于镰仓时代前期的传说故事集，与《今昔物语集》并列为日本古代传说故事集的杰作。

12. 活好这 "一大把年纪"

日语里边有这么个说法：一大把年纪。

"你在学跳舞？什么呀，这么一大把年纪还从头开始学跳舞，快算了吧。""都这么一把年纪了，还穿那么漂亮的和服？"等等。大概我们当中很多人对这类指责都不耳生吧？

这话的打击力度还是挺大的。不少人一听到别人这么说，就像撒了气的皮球一样，蔫了："可不是嘛，我已经这么老了"。本来鼓足精神气准备做点什么呢，立马变得垂头丧气。

这种表达方式算是具有摧毁效果的惯用语吧。在日本，很多人一辈子都非常在意别人的眼光："人家会怎么看我呀？"，所以特别容易受到类似语言的打击。

世上就有这样一些人，热衷于运用类似的

语言打击周围人的积极性，好像这就是他们的生活乐趣所在。

这样的风潮带来的恶果，就是把老年人生活的世界限制得越来越狭窄。年纪大了，这也不合适、那也不像话，缩手缩脚，搞得人生一片灰蒙蒙。所以，老人们应该利用这一点，以其人之道巧妙地反击其人。

"就是因为这把年纪了，才特别想学跳舞呢。这一大把年纪，人生经历多丰富呀！""活到现在还这么想穿漂亮和服，我真是活了一大把的好年纪啊。"等等。反击回去，估计对方也不得不承认，一大把年纪一样可以过得有滋有味儿的。

渐入老境，意味着渐入佳境，从此更要活好每一天。

13. 给忧虑开个处方签

有一位男性很真挚地盯着我说："一天到晚都在担心孙子的事情，成夜成夜地睡不好觉。"

说来确实让人担心，应该上高中的孙子，不去学校成天闷在家里不出门。昼夜颠倒，大白天一直在睡觉，到了深更半夜才爬起来，打开冰箱吃吃自己喜欢的东西、听听深夜广播、读读书、在纸片上写点儿什么。就这么日复一日。

看着孙子这样生活，爷爷怎么能不焦心呢。自己的独生女儿招了上门女婿，生了孙子以后过得并不顺当，不久就分手了。然后就是爷爷、妈妈和孩子的三人家庭生活，爷爷把孙子的成长当作生活最大的乐趣。

幸还是不幸，因为家财万贯，爷爷不怎么

需要工作，大把的空闲时间，因此有条件把几乎所有的精力都投入到养育孙子的事业中了。

孙子非常争气，不辜负爷爷的期待，直到高中为止都是个好孩子，学习也很好。可现在，怎么就变成这样了呢？

我回应他："很能体会你担心孙子的心情，现在这样子确实很让人担心。但是别一天到晚都在担心孙子，你看看能不能再找到点儿其他需要担心的事情呢？"

人只要放宽视野，肯定还会看到其他需要操心的事情。别的什么都看不见，每时每刻眼睛都只是牢牢地盯在孙子身上，这谁受得了啊？孙子身上负担太重，承受不住，才会走不动，连去上学的力气都没有了。

14. 隐士的活法和俗人的活法

我曾经写过一本风格诡异的书《とりか へばや、男と女（调包——男性与女性）》，用《とりかへばや物語[1]（真假鸳鸯谱）》这个男女交换的故事作素材，讨论了男女性别的问题。现在来谈一下故事中印象比较深的人物。

故事中，有一个出场人物叫吉野之宫。

吉野贵为皇子。虽说身份显贵，但依然不辞劳苦乘船远渡到中国去学习。掌握了学问知识回国以后，却被别人诽谤企图篡权夺皇位，从此他厌倦了俗世，隐居到吉野的深山中。虽

---

1 《とりかへばや物語》，成书于平安时代（794—1192 年）后期。书中讲述一位大臣的一对儿女，男孩儿羞涩、女孩儿豪爽。各自按照性格性别成人后，以不同于生理性别的伪装身份分别供奉朝廷和后宫。后经历诸多风波，又不为人所知地换到对方的角色，各自取得成功，身居高位。

然举家都隐居山中生活，但他时刻惦记着女儿们的未来，从心底里希望将来还是能够让她们走出深山，好好享受都市的华丽。

随着故事情节的发展，女儿们后来都和城里的贵公子们结婚，离开了吉野山。吉野之宫在把所有的女儿都送走以后，自己又掉头往大山的更深处走去，继续隐身。这行为给我留下了很深的印象。

他从此成为一个彻底的隐士。这位吉野隐者学问造诣深厚，好像对世间粉墨登场的各种人物的命运都看得很透彻，看其他人未来的命运走向都一目了然。故事中的其他人对主要登场人物的命运以及背后隐藏的秘密一无所知，而吉野之宫却能尽收眼底。也就是说，一个人一旦能够洞察世事，就无法在芸芸众生中安然处之，必须离开俗世，在大众目光不及之处隐身而居。故事告诉了我们这个道理。

读这样的故事，很是释然：像我们这种俗人，正是托了看不透世事之福，才逗留在俗世，活得有滋有味儿。

看样子，想在人世间活得长久的人，还是不要太追究世间万物纷扰琐事。稀里糊涂未必不好啊。

15. 莫扎特算是夭折吗？

今年，正好是莫扎特（1756—1791 年）逝世 200 周年。都在纪念莫扎特，所以街上到处回响着他的音乐。我也非常崇拜莫扎特，这一阵子走到哪里不经意间就能听到，真是一件令人愉快的事情。

话说回来，如大家所知，莫扎特在 35 岁的年纪就离世了。200 年后的今天，还深深感动着遍布世界各地的无数莫扎特爱好者，堪称绝世天才。这样水平的天才，英年早逝，令多少人惋惜。特别是其死因众说纷纭，甚至有被下毒而死的说法，他的夭折更加让人悲叹不已。

前不久读了福岛章所著《音乐和音乐家的精神分析》（新曜社）一书，发现了一点有意思的事情。

　　虽然与莫扎特的时代不同，十九世纪的音乐家也有很多在年轻时就离世了。但其中有一个例外，就是布鲁克纳[1]，活到了 72 岁。"他在 42 岁时完成了第一交响曲以后，到未完成的第九交响曲为止一共花了三十年时间。而莫扎特六岁时写出了作品一号的钢琴小品，到留下未完成的安魂曲英年早逝时，正好也经历了三十年的时间跨度。"

　　读到这里，突然意识到，莫扎特的精神年龄应该算远远超前于同龄人，在日历意义上的年龄还非常小的时候，创作的曲子已经具有能让人们感受到"老成""圆熟"的色彩。

　　从这个意义来看，我们是否可以说莫扎特并没有夭折，而是在艺术创作的意义上得享天年了？

1　布鲁克纳：Anton Bruckner，1824—1896 年，奥地利作曲家。主要作品有 10 部交响曲、合唱曲、管弦乐曲、吹奏乐曲等。

16. 老花眼之考证

老化，是一个随着年龄增加渐渐感觉到与以前不同的过程。

一般来说，最早感觉到的是"眼睛"功能的衰退。自己还没有明确意识到的时候，在读报纸、读书时会不自觉地拿得离眼睛远一些。这些变化通常都是靠边上的人提醒才突然发现。

这时候就算心里死活不想承认，嘴硬："没事儿，我还没老呢"，但日常生活最离不开的就是眼睛，心里是明白的：无论看什么东西渐渐地都开始模糊起来了。

人们常说四十来岁就会开始老花，可是按现代社会人的平均寿命来看，四十来岁还正处于年富力强的壮年时期。看上去跟衰老毫无瓜葛的时候，就已经明显感觉到身体的变化，不得不依赖老花镜，有点让人措手不及。

大家经常在说"人是视觉动物"。可能正因为如此，五官当中，生活最依赖的是视觉，眼睛，也就最先开始老化吧。而且，现代人成天看细小的文字，也不是什么好习惯。

眼睛确实最早开始老化，但反过来看，所有的功能退化当中，视力又是最容易矫正的。戴上老花镜，基本上也就没什么不方便的了。

跟老花镜相比，想要很熟练地使用助听器，就没那么简单了。眼镜方便多了，戴上就能马上习惯，看书就看书，读报就读报。老化的视力这么容易能得到矫正，算是好事吧。至于味觉、嗅觉，一旦衰退，在目前的条件下可就几乎无法再矫正回来啊。

老化通常从眼睛开始，能不能说是人类的一种幸运呢？

17. 别净说些"车轱辘话"

今天想引用一首孩子的诗。大人们忽略掉的事情，孩子们经常会直言不讳地讲出来。所谓童言无忌，我很是喜欢。下边的诗引自灰谷健次郎[1]编《お星さんが一つでた　とうちゃんがかえってくるで（出来一颗星星，爸爸就回来了）》（理论社出版），作者是中谷实小朋友，题为《大人》。

家里一来人

看到我就会说

"长这么大了?"

1　灰谷健次郎：1934—2006 年，日本儿童文学家。著有众多童书、儿童文学作品，其中获奖作品有《兎の眼（兔子的眼睛）》、《太陽の子（太阳的孩子）》、《ひとりぼっちの動物園（孤独的动物园）》及《天の瞳（天之瞳）》等。

"几年级了？"

"马上三年级了"

"真快，感觉还在上一年级呢"
然后摸摸我的头

大人们
每次都说同样的话

这最后两句，听着扎心吧。大人自以为很温柔地跟孩子接触、放低身段在跟孩子对话，孩子则毫不忌讳地指出来：都是些重复好多遍没意思的"车轱辘话"！

我们去养老院看望老人的时候，是不是也说着丝毫不能打动人心的车轱辘话呢？"看着您精神还蛮好的""好好养着，赶紧好起来呀"等等。对照孩子的诗，我们是不是该好好想一下："站在这里的这个我，想跟您这个特定的老人说的、只属于咱们两人的话是什么？"没有这样的努力，所谓看望老人大多也都流于形式了。

18. 公民意识不足

松田道雄[1]先生是我一直以来非常尊敬的医生。有关育儿、有关孩子，出过不少名著，我从中受益匪浅。不限于儿童，松田先生关于老人的见解，同样值得我们聆听。

松田先生在题为《市民的自由としての生死の選択（公民自由意义的生死选择）》的评论中阐述了以下意见（引自《老いの発見2（衰老的思考2）》岩波书店）。

1　松田道雄：1908—1998年，日本著名儿科医生、育儿评论家、史学家。出身医生世家，毕业于京都大学医学部。医学博士，主攻小儿肺结核。曾在京都大学、政府卫生部门等任职。二战后辞去公职，转入民营医院，后在京都独立开业。在儿科医生的医疗现场工作以外，高度关注重要的社会问题。著述众多，主要收录于《松田道雄的书（共16卷）》中。其著作《育儿百科》，及时反映医学研究进步，持续修改更新版本，长年畅销不衰。同时，松田道雄也是基于俄语原始史料的俄罗斯革命史研究领域的开拓者。

老人们去医院经常会拿很多药回来。如果你问他这些药的名字、药效、服用时间等等，估计有 99% 的人回答不上来吧。

但是，如果老人真想搞清楚这些问题，去问主治医生的话，"可能医生会像以前对待'不敬罪'的犯人那样，开始教训老人"。

"一旦被老年性疾病附体去看医生，身份瞬间就变成了'老年患者'。医生就会像抓住了'如何度过余生'之类的老年课题一样，绝对不愿意承认自己面前的这个'患者'是一位有独立人格的自由公民，而不是旧时代地位低下只能顺从的臣民。"

日本的医生借口要温情对待患者，总是用一种"你自己不用多操心，按我说的做就好了"的方式行医，完全忽视了作为医生的解释责任及义务。松田先生自己身为医生，并不袒护同行，不吝用激烈的语言批评这种现象，令人敬佩。

但是，松田先生的话并没有到此为止，接

着还有。不要忘了，造成这种现象不仅仅是医生单方面的责任，"患者自己的公民意识太差，也是一个重要原因"。

如果我们主张民主主义，那么无论是医生还是老人及家属，都需要克服"臣民"式劣根性，每个角色都要以自己的独立公民身份来思考老人问题。

19. "探索自己" 是没有终点的

我在瑞士留学时的分析家莉莉安·弗雷[1]先生去世了，享年九十岁。今天就让我带着祈祷先生冥福的心愿，写一段关于先生的回忆。

要想成为一个心理分析师，首先自己必须要接受心理分析。不能深入地了解自己，就没有可能对别人做心理分析。这个过程称为教育分析。当年弗雷先生是我的教育分析家。

我通过了先生的教育分析，并在1965年

1　莉莉安·弗雷: Liliane Frey，1901—1991年。荣格派心理治疗师、讲师，荣格研究所高级培训分析师。出生于瑞士日内瓦，1933年于苏黎世大学获得博士学位。次年，遇荣格并共同工作至1961年荣格去世。著述有 *From Freud to Jung*，*Nietzsche*: *A Psychological Approach to his Life and Work*。也是河合隼雄先生在瑞士荣格研究所留学时的教育分析师和督导。

取得荣格派分析师资格后就回国了。后来只要有机会去瑞士，我都会去拜访弗雷先生，请教、讨论关于我的内在问题。"探索自己"从来都没有终点。

最后一次见到她，差不多是两年前了。非常遗憾的是，当时先生已经有些"痴呆"的迹象，刚说过的话就忘了，然后又重复起来。看上去症状还蛮严重的。

但话题一旦涉及人意识深层的内在世界，情形就大不一样。马上神情变得敏锐、犀利，语言也非常活跃、切中要害，一点儿都感觉不到刚刚还表现出的"痴呆"症状。真让人目瞪口呆。

后来，我跟当年也接受过弗雷先生教育分析的同行谈起此事，他说道："先生的言语显露出痴呆症状的时候，一般是我们自己的话题太浅薄了，引不起她的兴趣。话题渐渐深入到一定程度，先生的应答马上就变得准确无误。用先生的反应可以准确测量出我们讲的话到底有没有价值。"

这个看法，我太赞同了。

弗雷先生晚年的情形，确实是一个启发我们思考老年人"痴呆"问题的好例子。

20. 口琴的记忆

七十多岁的老爷爷最近话越来越少了。老是忘词儿，一句话半天也说不清楚，听他说话很是费劲。

受害最严重的是老奶奶。老奶奶活得好好的，身体很棒、头脑清晰，真受不了这个满嘴呜里呜噜、不知嘟囔些什么的老头子。

老爷爷问："那个、那个什么在哪儿?"老太太毫不客气地甩回去："这个家里就没有一个叫'那个什么'的东西。"

老爷爷听老奶奶这么顶撞他，气呼呼地自己上二楼去找了。拉开个旧桌子的破抽屉在里边乱翻，翻着翻着，翻出了一个旧口琴。顺手拿起来瞎吹吹，突然想起自己上初中时经常吹的曲子，磕磕巴巴地就吹起来了。

　　老奶奶在楼下听着听着，不由得想起了往事。回想着两人还是恋人时的种种，心情越来越柔和。

　　这是杂志《飛ぶ教室（飞翔的教室）》（第37号）中阪田宽夫的短篇小说《桌子》的一个场景。读这本书，我也好像感觉到了往昔令人怀念的口琴的声音。孩提时代，好像成天在吹。

　　口琴，确实是一个很容易吹奏的乐器，而且多人一起还能构成相当不错的合奏。有没有人想成立一个老年人口琴乐团呀？卡拉OK是个不错的娱乐，但是乐器合奏也很不错哦。

21. 老爷爷们的竞争

日本的平安时代，真是让人觉得不可思议。

读一下平安时代的各种文学作品，能感觉到名副其实，确实是一个"平安"的时代。这一点挺让人惊讶的。以天皇为首，王宫家里的显贵公子们仅仅带着少数几个随从就可以在晚上出去寻找女性，好像并没有听说谁遇到过强盗之类。据说当时的社会非常安全，甚至没有发生过什么需要执行死刑的重大案件。

那么，大家知道平安时代掌握着最高权力的是谁吗？当然，不会是天皇了。毫无疑问，天皇有着至高无上的地位，但不是最高权力者。这一点，大概是日本特有的有趣之处。

平安时代，比起天皇，天皇的母亲作为国母，更拥有权力。而国母之上的父亲，也就是天皇的外祖父，才是暗中掌握最高权力的人。

因此，那些高位的公卿们每日钻营的就是如何把自己的女儿培养得才貌双全，送到天皇身边，然后生下男孩子。这个孩子将来还要前途光明，能够当上天皇，那么自己就顺理成章成为掌握最高权力的人。

过程中就算你很会投机钻营、权谋高超，但是如果没有生出来一个跟天皇适龄的女儿，或者女儿跟天皇之间没有生出男孩子，就从权力斗争的第一线跌落出来。

既用不着武器，也没有毒药出场的机会，大家都在进行的是"老爷爷们的竞争"，真是一个"平安"的时代。

再来看看我们平成天皇的时代怎么样呢？好像有些地方还挺相似的。大家有没有同样的感觉呢？

22. 何谓不死……

京都的出租车司机，好像很多人都喜欢跟乘客搭话。

我在京都经常乘出租车，所以总是有机会跟出租车司机聊天，能长不少见识。看上去，越是有点年纪的司机，越是爱说话。

最近遇到的一位司机，有六十岁吧，给我做了一次宗教讲道。一边开车，一边"亲鸾"[1]啦、"道元"[2]啦，讲得头头是道。

坐在车上，望着怀抱京都的峦峦山脉，同时听着出租车司机聊天，甚至产生出一种错觉：

1　亲鸾（1173—1262 年），日本镰仓初期的僧人，为净土真宗的创始人。

2　道元（1200—1253 年），日本镰仓时期的僧人，为曹洞宗创始人。

好像亲鸾和道元还活在现今时代，依然起居在我们眼前的哪个寺院里一样，听着听着，不得不佩服司机渊博的佛教知识。

司机讲的内容之丰富，让我下车时想着要多给些车钱，算是布施吧。我说："师傅，你的佛教知识太吸引人了，是不是跟哪位僧人学习过呀？"出租车司机一脸的不为所动："先生啊，和尚才不会跟你说这些呢。人不等到死了以后，和尚是不会来的。[1]"

他的话，让我想起了一位日常热衷于社会奉献的僧人朋友的情况，很想跟他争论一下。但是这句"人不死，和尚是不会来的"打动了我，悟得多么透彻啊。想到这里，我打消了刚才的念头，没有发声去争辩。

1　日本社会的宗教信仰比较多样化，很多人从出生、成长到结婚等仪式多采用神教、基督教等方式，但到了人生终点的葬礼，多数家庭选择的是佛教仪式。所以有出租车司机"人不等到死后，和尚是不会来的"之语。

愈される

とき

23. 良宽[1] 之恋

说起良宽，在日本大概无人不晓。完全不在意人世间的毁誉褒贬，一心一意地沉浸在和孩子们的游玩之中。这样时刻处于自然状态、一心不乱的形象得到了很多日本人的喜爱。

就是这样的良宽，到晚年却开始了一场轰轰烈烈的恋爱。这件事可能也是家喻户晓吧，但我们在这里还是稍微展开一下。

良宽七十岁的时候，当时三十岁的贞心尼[2]

---

1 良宽（1758—1831 年），日本江户时代后期的禅宗僧人、诗人。出家云游四方后回归居故里越后国，继续化缘生活。擅长和歌和汉诗，弟子贞心尼将二人来往诗歌合集为《莲珠（はちすの露）》。

2 贞心尼（1798—1872 年），日本江户时代后期曹洞宗尼僧，名僧良宽的弟子，诗人。

第一次去拜访他。但不凑巧良宽刚好不在，她知道良宽喜欢手鞠，便留下了五彩手鞠[1]和一首和歌作为礼物，回去了。

手鞠即佛道　游玩无尽极　旁者无人解　吾心知师行

（これぞこのほとけのみちにあそびつつ

つくやつきせぬみのりなるらむ）

良宽收到以后，马上回了一首和歌，回应贞心尼。

寻佛如击鞠　一二三四五　六七八九十　无尽复始行

（つきてみよひふミよむなやこゝのとを

とをとおさめてまたはじまるを）

借助于彩线球的球体意象，这两首诗把两人之间的心情表达得多么精彩啊。良宽诗中隐含的希望贞心尼能够再访的心情也直接传达给

1　手鞠：也称手毬，日本的一种玩具。在球形的棉芯外边缠上棉线、固定形状，然后层层缠绕装饰性五彩棉线或丝线，编织出各种各样色彩鲜艳的花纹。成品为球形。

了对方。自此，两人之间的交往一直持续到良宽去世。

后来贞心尼编的诗集《はちすの露（莲之露、莲珠）》记录了两人交往的情形，流传至今，我们才有机会了解到两人恋情的详情。

进入现代，即使是宗教家也多对两人的恋情持肯定意见，不用说，在大众那里更是得到了普遍的共鸣。但是，假设一下，如果良宽、贞心尼生活在当下这种现代社会，我们的大众传媒又会给他们的恋情以什么样的评价呢？

24. "享受" 自己的兴趣爱好

现在人们对老年人痴呆问题的关注越来越强烈，大众媒体也很热衷地在讨论各种防止痴呆的方法。

其中非常热门的一个话题大概就是每个人都应该有自己的兴趣爱好。确实，除工作以外，有其他爱好是件很好的事情，因为兴趣所在，心灵得到抚慰。在这个过程中，身体、头脑都能得到锻炼，还起到防止痴呆的作用。

因为意识到年纪大了以后有自己的兴趣爱好非常重要，有人在五十多岁时开始学下围棋。水平越来越高，慢慢地沉浸在里边。

退休后，围棋的兴趣无疑充实了他的生活。交往的棋友越来越多，哪里还有时间体会所谓老年人的孤独。

可是等他到了七十岁，某一天突然感觉到围棋成了他的负担，看都不想看一眼。人家来约他下棋，实在提不起兴趣，拒绝了以后又感到非常不忍心。日常陷入这种左右不对劲儿的境况，慢慢地竟然冒出"活着干吗呀，还不如死了"的念头。

岂止下围棋，连活着都成为沉重的负担。曾经因为他的围棋爱好，朋友们作为礼物送给他棋盘、棋子。事到如今自己想洗手不干了，又觉得有违朋友们的好意，内心纠结不已。

最初是为了有一个能够享受其中的爱好，丰富自己的生活，才开始学习下棋的。后来对围棋过于投入，以至于忘记了初衷是什么。陷入进退两难的境地，这可能是一个重要的原因吧。

对兴趣爱好当然要投入、要努力，可有可无地不当一回事，很难体会到其中的乐趣。但说到底，兴趣爱好毕竟不是工作，不是必须完成的任务，最重要的是享受，而不是让兴趣成

为负担。举这个例子没有一点要否定围棋的意
思。我这里想说的是，无论什么样的兴趣爱好，
当我们能够享受它、能把它当作一种乐趣时，
对自己的老年生活才有意义。

25."泥巴"的幽默

柏木哲夫先生是大阪淀川基督教医院的副院长，很早就开始设立了临终关怀部门，照料重症晚期病人。坚持到今天，已经好多年了。

跟柏木先生见过几次面。谈话的过程中，他所强调的"幽默的重要性"给我留下很深的印象。

面对临近死亡的人，轻薄绝对是大忌，任何时候都不能容忍这种态度。但是，过于刻板，做过头了，没准儿一切都会变得非常沉重，压得所有人喘不过气。

时常站在最接近死亡的地带，但还能不失去幽默之心，想想都是一件高难度的任务。也可能正因为努力做到了这一点，临终关怀的工作才有可能坚持下来吧。柏木先生身上就是有这么一种不可思议的爽朗的感觉。

在柏木先生的著作《生と死を支える（生和死的基盘）》（朝日新闻社出版）中介绍了这么一个事例。

患食道癌什么都吃不下去的患者，有一天突然说起，哪怕只能吃一次呢，太想吃像磨碎的肉泥一样入口即化的金枪鱼脂肪丰富的"大脂"部分。

柏木先生跟着就来了一句，像给婴儿磨碎成泥的离乳食一样"顺顺当当地吃下去就好了"。患者听见了，脸上浮起笑容："我一天就像一摊泥巴一样躺在床上，所以就要吃这种泥巴一样的东西。"患者的丈夫在边上也受到影响，跟着说："我就是坨扶不上墙的烂泥巴，别的啥都不行，这会儿还不好好表现一下。赶紧去买点儿像肉泥一样滑溜溜的金枪鱼来吧。"大家一番笑话，病房好像突然就有特别的光照进来一样。

结果，那天这个患者吃下了两片金枪鱼的

生鱼片。大概癌肿块也被幽默感动，有那么点儿软化成泥了吧。

26. 佛性

老爷爷性子特别倔，谁的话都听不进去，还时不时地说难听话，凭空生出些让人厌恶的事情折磨人。就这么一天一天的，家里人都快烦死了。然后，突然有一天像变了一个人一样，特别温和可亲。

家里人替他做点什么事情，竟然会说"谢谢"，这可是以前从来没听到过的。所有人惊讶的同时，都被老爷爷感动了。

可是还没高兴几天呢，老爷爷就走了。

因为我的职业关系，经常能听到类似的事例。一直很难伺候的倔老人，某一天开始突然变得通情达理了，周围的人还没回过神儿来呢，老人就去了另一个世界。

谈论起这一类话题，不少人认为老人是成

佛了。

　　确实，老人在最后那段日子里，无论是脸上的表情还是动作，都能让人感觉到一种佛性。这种例子接触得多了，不由得让人感到，或许人死了真的是会成佛的。

　　这么一说，肯定马上就会有人找出很多完全相反的例子。有些老人就是一直到死都是一副不招人待见的样子，张嘴就挖苦讽刺别人，没事就净想着给别人制造麻烦。碰到这样的争论，我会开玩笑说："应该成佛的时候，不当心成了释迦[1]。"虽然这玩笑有点轻薄，但我还是一边说一边乐呵呵地大笑。

　　无论是成佛还是成释迦，人死了以后，好像都是要进佛界的。真不错！不过，能做到的话，还是想走成佛之路啊。

1　日语中，"成了释迦"原为"死亡"的隐语，日常生活中转义为"变成废品""报废了"，比如说用于瓷器摔碎后、再无任何价值时。这里用在人死亡的时候，正好包含了字面和隐喻双重的意思，形成一种幽默的巧合。（"成释迦"，翻译成"去见释迦牟尼"，或许更加适合中文的习惯。但日本普遍的宗教态度认为所有人死后都会成佛的，所以鉴于原文的幽默以及上下文连贯，译文保留了日文的语言风格。）

27. 多关心那么一丁点儿

我很喜欢儿童文学，平常读得比较多。儿童文学中总是有些活跃的老人角色，让人念念不忘。以后想选择一些陆续介绍给大家。

这次，我们说一个以老人为主人公的作品，彼得·赫尔德林的《约翰爷爷》[1]（偕成社）。

约翰爷爷从乡下来，和儿子儿媳加上两个孙子一起生活。

不用说，从此家庭矛盾简直就是层出不穷。具体细节这里就省略了，单单介绍一下某个场景。有一天，小孙子突然有了新发现：爷爷不

---

1 彼得·赫尔德林，Peter Haertling（1933—2017 年），德国作家、儿童文学作家。专注于现实社会问题，特别是残疾儿童和交通事故遗留孤儿问题。《约翰爷爷》，德文原版《Alter John》初版于 1981 年，本书原文中引用的日文版为《ヨンじいちゃん》（上田真而子译　偕成社　1985 年）。

管说什么都要带上"就那么一丁点儿"这个词儿，家里人一听还真是这么回事儿，大家哄堂大笑。

这时候爷爷发话了："我说的'有那么点儿''就那么一丁点儿'可跟你们说的'少许''一点儿'不一样哦。"

"听着啊，好比说，我说'这个奶酪有那么一丁点儿怪味道'，这时候我想的是'这个奶酪有股子怪味'，但是，并不想为这么点儿奶酪的事儿搞得大家不舒服。口气缓和一下，'一丁点儿'是在照顾大家的心情哦。我要说'今天身体有那么点儿不对劲儿，那就比一丁点儿要多那么一点儿'。"（上田真而子译）

大家可以注意一下，自己周围有没有一些老人在日常生活中说"有那么点儿孤独""这儿有那么点儿疼""还是有那么点儿气人的"之类的？我们该注意多给他们"一丁点儿"关心吧。

28. 闲话休提

今天说点儿题外话吧。当然，也不是那么毫无关系的话题。

本书第 7 节的《给自己点儿奖励》我曾经写到作家埴谷雄高作为给自己写作的奖励，在奋力写大作《死灵》的过程中，每遇阶段性的进展，都会给自己倒上一杯匈牙利的托卡伊贵腐甜酒，是以庆祝。

没想到前两天埴谷先生来信了。

信中说道，匈牙利大使馆以通商部彼得·贾德尔参事官的名义给他寄来了两瓶托卡伊 5 篓的甜酒，说是"如果能够成为先生创作的动力，将感到无上光荣"。

看到这个消息，我也不由得高兴起来。

因为这个专栏，让两国之间开始流动着一

种欢乐的能量，真是太让人高兴了。

现今世界，国与国之间可以来回飞着导弹这种不太平的东西，但是也可以有直接送到埴谷家里的托卡伊 5 篓甜酒，真了不起。

不由得赞叹：匈牙利大使馆，太棒了！

这时候，真想说"这事做得多么优雅风流啊"。风流雅士这种词儿，像是很有日本风格的说法，想到这里不由得有那么一丁点儿担心起来：我们日本在外的大使馆人员，也能把事情做得这么漂亮吗？

29. 鸡蛋里挑骨头

今天讲一个实例。

年迈的父亲去世，孩子们在一起商量遗产分配事宜。每一个都已经是体面地在社会上安身立命的人啦，日子过得相当宽裕，不可能为父亲的遗产发生什么龃龉。

大家的意见倾向于"还是别让老妈再操这些闲心了"，几个孩子一起就把事情商量着搞定了。当然，遗产分配方案很为老母亲着想，留下了足够充裕的生活保障。

事情商量得非常顺利，兄弟姐妹们很快就达成了统一意见。但是去跟老母亲报告时，没想到老母亲什么都不满意，这样那样的，没完没了地挑毛病。

孩子们怎么看都觉得定下来的方案蛮合情

理的，因此妈妈的意见就更像是没事找事。因为老妈不同意，继承遗产的手续就此卡住，进行不下去了。

孩子们甚至猜疑：妈妈是不是突然之间欲望大增，想多分一些遗产又不好直说，才故意找茬儿呢？

一天，老母亲对着孩子们开始诉说，自己和去世的丈夫经历过多少磨难才积累了今天这些财富。孩子们也都很孝顺，一直坐在边上洗耳恭听。然后，出乎孩子们的意料，事情的结局来得很顺利。老母亲并没有要求改变什么，二话没说，就同意按照孩子们最初的提案分配遗产。

再回过头来想想，就能想明白，其实妈妈并不是对遗产分配方案本身有什么不满。孩子们为了照顾她，让她少受劳累，把她排斥在商讨的过程之外，这些顾虑反倒让母亲觉得老伴儿一死自己就成了没用的人一样。所有的不满应该都来自这里吧。

重要的事情，自己也想参与，一家人一起思考一起安排，不愿意成为游离的一分子。所以，老母亲才奋起反抗的吧。

30. 说些神的用语

经常听不懂老爷爷、老奶奶们在嘟囔些什么。

"喂，那个，把那个什么给我那么弄弄，就是刚才那个什么呀……"这种还算好的。更严重的情况，老人说出来的话前言不搭后语，谁也搞不清楚意思的词儿胡乱堆砌在一起，真听不明白想说什么。

这时候，老年痴呆、老年功能衰退等等词汇就派上用场了。各种流行的知识让我们基本上可以断定："老爷爷开始痴呆了。"

其实有很多话，只要静下心来耐心听一听，还是能听懂的。可惜很多人会很性急地确信"肯定是老年痴呆了"。既然已经痴呆了，周围的人也没必要再花心思去琢磨老年人到底在讲些什么了，事情就这么变得越来越糟糕。

从老人这一方面来看，听者心不在焉的态度也让人上火。火气上来，一激动，本来能说出来的话更加讲不清楚了。这样，两边互相作用，恶性循环下去。

阿依努人[1]在老人年纪大了以后、讲的话常人听不大懂的时候，会说："老人越来越接近神的世界，开始说神用语了，所以咱们这些离神太远的普通人就听不懂了"。

仅仅是这一点的想法不同，跟老人接触时的态度就大不一样吧，至少不会单纯地把老人当作一个越来越糊涂的痴呆患者，很是不耐烦。

我们也应该好好学学阿依努人关于"神用语"的思想，其中有着深奥的智慧。

1　阿依努人：曾居住在日本北海道、本州岛北部等地的原住民。现大部分居住在日本国内。

31. 失眠了该怎么办

晚上睡不着，是件很痛苦的事情。

越是想着赶紧睡、赶紧睡、再不睡就太晚了，越是焦虑得更加睡不着。脑子停不下来，不停地原地绕圈儿纠结着一些用不着多想的事情。实在不行了，干脆爬起来看看报纸、泡壶茶喝喝。差不多觉得累了再去睡，还是个睡不着。

听得见时钟的声音，所以三点、四点，甚至五点都知道。天快亮了终于熬不住刚迷糊一下，一翻身又醒来了。

年纪大了，好像大家都会睡不好。这是一件非常痛苦的事情，周围的人还是要给予足够的理解和同情。边上的人都觉得小题大做，不就是睡不着么，有什么了不起的。这种反应让当事人更加痛苦，心情更加烦躁，结果会引起更加严重的失眠。

周围人的态度确实很重要，但有些话也想跟失眠的当事人聊一聊。我想说的是，没听说过谁是因为失眠死掉的。

得厌食症的人，经常会危及生命。但失眠，死不了的。所以，失眠的时候，睡不着就算了，仅仅是静静地躺在那里就已经是在休息了，不会出什么大问题的。

心情放松一点，想着反正也死不了人，静静躺着，反倒有些人就这么睡着了。

当然，如果抑郁或者焦虑的症状比较严重，那还是要去找专业人士的。一般性的经常睡不着，"反正也死不了人"的心情，或许有些帮助吧。

32. 通过握手达到心灵的交流

在西方，人们见面有握手的礼节，而日本，大家都是保持着适当的距离互相鞠躬。

两者之间决定性的差异在于握手的时候，人与人的肌肤会互相接触。

我这里不是要论述他们和我们之间的礼节孰优孰劣，想说的是，对于老人来说，肌肤的接触可能会产生一些不同的感受。这是很有意义的事情。

年纪慢慢大了，会特别在意一些平常不大注意的小事情。很细微、很平淡的小事情，会觉得很重大、很沉重（当然，也会有完全相反的例子）。所以比起仅仅是注目、鞠躬，互相握着手说几句话的感觉可能来得更加深刻。

孙子去看望躺在病床上的爷爷，离开时拉

着爷爷的手说两句，可能就与仅仅招招手说再见是完全不同的感觉。

多年的老朋友再会，握着手说"啊呀，好久不见了"，跟隔开距离点头示意鞠躬打声招呼，感受肯定大不相同。

不是说西方的礼节就一定优越，只是由此想到了与老人肌肤接触的重要性。这么说来，我们跟老人见面的时候，还是多握握手吧。

肌肤的互相接触应该能够强化心灵的互动。

33. 我帮你做

不知怎么回事儿，老爷爷又开始大发脾气了。

老爷爷是个几乎卧床不起、话也说不清楚的老人。家里人想尽各种各样的办法创造条件，以便能坚持居家照顾他。照顾老人需要多做很多事情，这一点大家都有心理准备，但日常最受不了的就是老爷爷的脾气。根本啥事儿都没有的时候，不知道怎么就惹了他，突然大发脾气，挥舞着不怎么能动的胳膊、大喊大叫，连床边桌上放的杯子都扫到地上去了。

这一天，好久没来的女儿想帮帮忙，走到床边说："爸爸，我帮你换下尿布吧?"话音没落，老爷爷就爆发起来。

想了半天，自己没做什么惹老人不高兴的

事情啊。真是个难缠的老爷子。没办法，一家人聚在一起就开始商量，是不是别这么费劲坚持在家照顾了，还是让老爷爷住进医院算了。

但大家在一起仔细回顾了下日常老人发脾气的情形，发现老人也不能说是完全的无理取闹。就是听不得孩子们说"我帮你弄下这个吧""我给你做个什么吧"。无意中的这些话，让老人感觉到孩子们好像给了卧床不起的糟老头子多大的恩典一样，老人难以忍受的是这种感觉吧。

老人自己也确认了这一点。可以说"我把水端来了"的时候，你为什么偏偏要说"我帮你把水端来了"？你们小的时候，我可没说过"我帮你们把钱赚回来了""我把你们一个个都养大了"，现在怎么都对着老爸摆出一副居高临下的架势了？老爷爷就是因为这些才大发脾气的吧。

听了这番话，大家认为老人不过是给自己乱发脾气找借口呢，还是觉得老人说得有那么一些道理呢？

34. 真正的供奉

世上有一些很想工作、但是又没有能力工作的人。他们因为身体或者精神上的障碍，难以胜任一般的工作。我日常在咨询室见的人们当中也有这样的类型。

有一位虽然住院但是还能够在医院做一些简单工作的人，讲起过这么一件事。

他的母亲前不久去世了。但自己现在也没什么收入，有心却不能为亡母做像样的祭奠。当时一边住院一边在医院帮着做些力所能及的工作，就是每天折叠、整理那些给住院老人们用的尿垫。一天正在做着的时候，忽然浮出一个念头：我这么每天把尿垫叠得整整齐齐，不就是在给母亲做祭奠吗？

听到这一番话，真是被他对母亲深深的爱

打动了。不仅如此，还让我联想到，住在这家医院的应该有不少卧床不起的老人吧。正是这些住院老人，即便卧床不起，也在为这位当事人母亲的祭奠做出贡献。

眼睛能看到的只是一些什么都干不了、成天躺在床上的老人，等着别人照顾、等着别人来换尿布。

但我的脑中会浮现出这样的意象：住院老人们的灵魂在安慰着失去母亲的他。老人们以这种看不见的形式参与着别人悼念亲人的行为。

每日能够活力满满地工作是非常值得感谢的，为此我们能得到金钱、物质的报酬。但仅仅这样，我们是否就能参与进某个人祭奠亲人的仪式当中呢？

35. 清心寡欲与放纵声色之间

从别人那里听来的事。一个人既不喝酒也不抽烟，每天都很规律地生活。就这样一个严于律己、清心寡欲度日的人，五十多岁的时候却得了不治之症。

这人的悲伤是那么深。如此克制、健康地生活着，竟然落得一个要早死的命运。回头来看自己的同事，天天随心所欲地过着，想吃就吃、想喝就喝，怎么舒服怎么来，竟然没生病、活得好好的。这也太没有天理了！

听到这样的悲叹，想必人们都会认同、并抱有深深的同情。但我们肯定不能就此个例下结论说节制生活没什么意义，活不长的。这样就太片面了。

确实，生活自律、一定程度上节制过度的

欲望，对身体健康是有好处的。但这只是相对于本人来说，比起纵欲，节制或许能够延长当事人的生命。但不能拿来跟别人作比较的，每个人都有各自不同的先天条件和生活方式。

或者再进一步说，压抑正常需求的清心寡欲，或许会触发应激反应，造成精神、生理失调，反倒危害身体健康。

不管怎么说，人的寿命与很多因素有着千丝万缕的联系，不能简单地根据个别案例推导出因果关系。

但我们也不是要礼赞纵欲生活。

自律的生活，是一件正确的事情。如果内心想做的话，那就遵循自己的内心生活，只要别太勉强自己就好。如果老在心里念念不忘："我要严格管理自己，我要比你活得长"，就没意思了。

36. 孩子们的眼睛

前边我们曾经介绍过，孩子们的诗，经常打动人心。今天再介绍一首。这首诗收录于鹿岛和夫编的《続　一年一組せんせいあのね（一年级一班，老师，那个啥……）》（理论社出版）。

爷爷

爷爷要下楼梯的时候

摔倒撞着脑袋了

奶奶赶紧叫救护车

爷爷做手术了

晚了，爷爷还是死了

那时候我正好在姥姥家
电话响了
通知爷爷死了的电话

奶奶一直在流泪

那天，妈妈生下小宝宝
爷爷闭着眼睛捧着一束花
表情跟小宝宝一样

　　非常悲哀的事情发生了，爷爷去世了。但我们读这首诗的时候，不禁感觉到人是不是真的有灵魂这一说呢。

　　大人们看不到的灵魂，或许会映射在孩子们清澈的眼睛里。

37. 能安详离世就好了

前一节我们介绍了有个孩子在诗中写到去世的爷爷，"表情跟小宝宝一样"。

近来经常听到人们说："死的时候如果能有一副安详神态就好了。"看上去他们的内心确实有一种很切实的愿望。那我们就来谈谈这个话题吧。

文化人类学家原ひろ子［原（Hara）ひろ子（Hiroko）］[1]女士在《ヘヤー・インディ

---

1 原ひろ子：1934—2019 年，日本文化人类学家，御茶水女子大学名誉教授。专业为文化人类学、性别研究。毕业于东京大学文化人类学专业本科及硕士，留学美国布林莫尔学院（Bryn Mawr College）博士课程，Ph.D.曾任日本拓殖大学副教授、法政大学副教授、御茶之水女子大学教授等职，并兼任多种有关学术、女性的社会机构职务。名字中平假名的ひろ，具有宽广、辽阔的意思，有很多相关的同音汉字，无法唯一确定。为尊重本人名称的书写方式，译文保留原来的平假名，并以字母标注读音。

アンとその世界（Hare 印第安人和他们的世界）》（平凡社）一书中，讲述了主要居住在加拿大北部印第安人的生活[1]。

其中有一段讲到 Hare 印第安人是如何接受死亡的。"Hare 印第安人活着的目的是什么呢？用一句话总结一下，就是为了迎接死亡时能有一副美丽的脸庞。"

Hare 印第安人每个人心中都有各自的"守护灵"，生活中遇到什么事情，就会跟自己的"守护灵"对话。守护灵会说很多很多，人们也会遵从守护灵的教导行事。

年纪大了衰老生病，如果守护灵说"你要死了"，就会遵从守护灵的意志，把家人亲戚都请来，在一起回忆一生中发生的事情，然后绝食等待死亡。这时候会向守护灵祈祷：请让我死的时候有一张美丽的脸庞啊。

因为他们相信，以安详美丽的脸庞离世

---

1 书中的研究对象为居住在加拿大北部的北方阿萨巴斯卡印第安人（也称为德涅（Dene）人）的一个分支，Hare 印第安人。

的人能得到再生。生在现代社会的我们，很难相信这种说法。但好像也不能简单地断言，把这种信仰贬低为不过就是未开化之人的愚蠢行为吧。

38. 税金都去哪儿了

前一阵子读了大熊由纪子女士写的《「寝たきり老人」のいる国いない国（有卧床老人的国家和无卧床老人的国家）》（葡萄社）。

身为记者的作家，访问了一些率先进入老龄化社会的国家，发现那里并没有卧床不起的老人现象。到底是怎么回事呢？为了搞清楚原因，随后进行了更加深入的调查，根据调查结果写出了这本书。

如果你正在体验着、或者思考着有关老人问题的话，我推荐你一定读一下这本书。在我们国家，好像大家对"卧床不起"老人群体的现象已经习以为常了。如何改变这种现状，书中仔细给我们讲述了一些非常容易实施的具体方法。

作者详尽地介绍了北欧各国的情况，首先不得不感到惊讶的是这些国家在养老方面的投入。为老年人设立的设施以及用于老年人的人力资源，其丰富程度远远超出了想象。

那么问题来了，费用从哪里出呢？当然只能来自税金，投入的税金远远超过了日本的水准。

但是，作者接着说："日本人心目中认为税金是被国家拿走了，而丹麦人的概念不同，他们认为自己的税金是存放在政府那里"。也就是说，把有能力工作时挣到的钱拿出一部分"存到"国家那里，等到年老失去生活能力时，国家会尽心尽力地照顾自己。

这句话让我意识到，作为人，他们和我们思考及生活的方式都有着根本的差异。印象特别深。

老人问题，真是和国家的政治、社会、国民性等所有方面有着千丝万缕的关联。

39. 独自活下去的姿态

前一节介绍的大熊由纪子女士写的《有卧床老人的国家和无卧床老人的国家》呈现了一个事实，即在我们国家有很多处于卧床不起状态的老人，而瑞士等欧洲的先进国家就没有这种状况。

事实摆在面前，就不由得让人疑惑，我们国家到底为什么会有这么多老人卧床不起呢？下边是我的一些想法。

我们可以用一个比较极端的分类法来看待人生：即从"生"的方面看和从"死"的方面看。

像前边介绍过的 Hare 印第安人那样，可以说活着的目标就是以"最美丽的面容"离世，这样的生活方式可以归类为从"死"的角度看待人生。因此，在"领悟到自己的死期"时，主动绝食赴死。这样的话，就不存在"卧床不起"状态的人生阶段。

而欧洲的生活方式，则是从"生"的角度看待人生的典型文化。读一读关于北欧各个国家的老人们在人生最后阶段的报告，真为他们坚韧不拔地走好人生最后一段路的毅力而感动。

到死，都要靠自己的力量生活。这种坚强的姿态催生出了各种各样的对应方法，所以就没有卧床等他人来照顾自己日常起居所有环节的"卧床老人"。

我们国家的情况到底是怎么回事呢？从文化方面来讲，大概日本人原本还是比较擅长从"死"的一方来看待人生的。但是全面引入西方思想后，基于科技、医学的发展，想尽一切办法延长生命，取得了长足的进步，使得日本成为世界第一长寿国家。

把以上两方面结合起来，就能够看明白我们到底缺失了什么。能够按照西方的做法延长生命，却并没有同时引进西方"用自己的力量贯穿整个人生"的生活态度，于是就掉进了不同文化间的缝隙中，制造出无数"卧床不起"的老人。我是这么想的，不知大家的意见如何。

40. 潮起潮落

每次到了年度末，到处都有大学为当年退官[1]的教师举办的纪念活动。

大家面对要退休的老师会祝贺说："恭喜您光荣退官！"

仔细想想，多年的职业生涯结束，退休的纪念活动可以说有那么点类同葬礼的意思。葬礼上，对着离开的人说"恭喜"，不感觉很奇怪吗？

我还年轻的时候，面对即将退休离开的老教师，总有一种难以离舍、希望他们还能继续留在学校的心情，所以很难把"恭喜"两个字说出口。等轮到自己这把年纪退休的时候，心

---

1 在 2003 年大幅修改国立大学相关制度之前，日本国立大学均由国家设立运营，国立大学的教职被视为准公务员。退休等于离开公职，所以多称为"退官"。

情完全反过来了。从内心觉得在这个节点说"恭喜"简直是再合适不过了。

好多年辛勤工作下来，到了这个年纪，正是隐身退出的好时机。再回头想想自己一路走来，能干到今天，真不简单。明天起就可以从各种各样的义务中解放出来，一身轻松，太值得庆贺了。

大概也只有到了这个年龄，才能领会到其中滋味儿吧。这样那样地过了这么多年，还能得到大家的祝福，喜上心头。

同样的道理，在葬礼上，肯定也有值得说"祝贺""恭喜"的内容吧。不知大家的意见如何。

人生潮起潮落。到了该做的事情都已经完成，这会儿正是抽身离去的好时机，是时候到那个世界去了。在大家一片"恭喜活出了自己的人生价值"的祝贺声中举办葬礼，不失为一个好主意。当然，如果来参加葬礼的人们心里都想着："这家伙终于死了，太值得庆贺了"，就是另外的意思了。

41. 濒死体验

思考"衰老"，必然会思考"死亡"。与死亡的话题有关，近来"濒死体验"也会经常进入大家的视野。

濒死体验的话题引起普遍关注，可以说很大程度上起因于平成三年（1991 年）3 月 17 日 NHK 放映的特别报道，这是一次由立花隆[1] 氏做的有关濒死体验的报告。之后引起了社会各个方面的热议。我们借此专栏谈谈这个话题吧。

实际上，在这个节目播出以后，NHK 教

---

[1] 立花隆：1940—2021 年。毕业于东京大学法国文学专业。日本著名新闻工作者、现场采访报道记者、纪实作家、评论家。著述众多，涉及生物学、环境问题、医疗、宇宙、政治、经济、哲学等众多领域，对生命、濒死体验也有独特见解。素有"知识巨人"之称。1974 年在周刊《文艺春秋》特刊上发表的长篇纪实报道揭发时任日本首相田中角荣的金权丑闻，成为田中内阁倒台的导火索。

育台从 18 日起以立花隆为主要出场人物，播出了连续三天的讨论节目。我也参加了这个节目，有幸听到很多发人深省的见解。

因为生病或者遇到事故，一度已经觉得死去或者临死的人，又复苏回转过来，在这期间的体验就是所谓濒死体验。事后，从亲身经历者的经验之谈当中，可以找到很多共同点。

下边就非常简化地综合叙述一下经历者讲述的过程。

就像以非常猛烈的速度穿过一个隧道一样，自己脱离了自己的躯体。过了不久就会看到已经去世的亲戚、朋友出来迎接，然后就是从未体验过的可以称为是"光之生命"的体验，好像一瞬间就回顾体验了自己完整的一生。接下来像是要跨越某种"边界线"一样的东西时，忽然发觉自己又回到这个世界，醒过来了。

有过这种体验的人们都有一个共同的特征：之后对"死亡"的恐惧心消失了。

可能是在各自极其特殊的经历中，已经体验性地理解了死亡的意义吧。

42. 脱离体外的体验

前一节我们谈到了"濒死体验"。如何解释濒死体验，是一件很困难的事情，其中最难说清楚的应该算"脱离躯体的体验"吧。

什么是脱离躯体的体验呢？处于濒死状态的人，忽然发现自己在自己的身体上边"看着"包括自己在内的周围的状况。这就是脱离躯体的体验。

比如说，从上空看到抱着就要死去的"自己的身体"在哭泣的妈妈、医生护士进进出出的忙乱身影等等。

大家肯定会想：哪里有这么荒唐的事情呢，肯定是幻觉。但事后经过各种各样的验证，不得不承认应该真的是"看到了"。

伊丽莎白·库伯勒·罗斯[1]在其著作中记录了一个全盲者处于濒死状态中，清晰地看到了当时在场所有人衣服装饰的例子（《新·死ぬ瞬间（On Death and Dying，论死亡与濒临死亡）》，读卖新闻社）。这本书在日本也很有名。

NHK教育台曾经播出过立花隆氏采访登山家松田宏也[2]的节目。松田从贡嘎山奇迹性地生还回来，节目中谈到他在手术过程中体验到的脱离躯体的状态。

从亲身体验过的人口中听到的经验之谈，确实很有冲击力。听过以后，内心不由得涌动

1　伊丽莎白·库伯勒·罗斯：Elisabeth Kübler. ROSS，1926—2004年，美国精神科医生、作家。生于苏黎世，医学部大学毕业后赴美。致力于死亡及临终关怀的研究和社会活动。著有多部关于死亡、濒死体验、死后的世界、临终关怀的著作，获20所大学或专科学院的荣誉博士学位。

2　松田宏也：1955—　，日本登山家。1982年在攀登中国的贡嘎山时遭遇恶劣天气、失去所有援助时独自下山，在山上经过了19天的生死挣扎后被当地居民发现。因严重冻伤，手术截去双手的几乎所有手指，双腿也截肢至膝下。经过长时间康复训练后，回归职场，业余继续登山活动。著书有《ミニヤコンカ奇跡の生還（贡嘎奇迹生还记）》《足よ手よ、僕はまた登る（腿呀、手呀，我还要登山）》。

着深深的感动。别的都放下不提，仅仅是把这样的体验深深地沉淀在自己心底，之后，松田身上散发出的安静、坚韧不拔的气场，很自然地对周围的人产生了很强的吸引力。

不管怎么说，脱离躯体的体验，是我们今后思考人类生活方式的一个重要的课题。

43. 延续生命治疗和生前意愿

最近总理府实施了《关于医疗伦理的舆论调查》，调查结果非常发人深思。

其中有一项为生前意愿。

即在能够清晰表达自己确切意愿的时候，就以书面形式写下自己的意愿，在病入膏肓已经无法治愈临近死期时，拒绝实施单纯延续生命的医疗措施。就是在头脑清晰的生存期间明确表达的自主意愿，称为生前意愿。

日野原重明先生（圣路加看护大学校长），是一位非常关注人们如何接受死亡这个话题的医生。在其著述《命をみつめて（凝视生命）》（岩波书店）中讲道，"日本很多在医院死亡的人，离世时，总是处于挣扎、忍受痛苦的状态。或者口、鼻中插着好多管子根本无法与人进行最后的交流，或者家属被限制探访，在看不到亲人面孔的孤独中死亡"。日野原先生极力主张："这种状态应该得到改变。"

人们还能不能以更加有尊严的方式来迎接自己的死亡呢？

跟日野原先生对谈的时候，他说道："我不希望给自己实施单纯延续生命的治疗，而且那些玩意儿都挺贵的"。轻描淡写的一句话，给我留下很深的印象。

总理府的调查结果表明，赞成生前意愿的人有46%，认为应该尊重患者本人的意愿、但正儿八经地写成书面意愿就没必要了的人占31%，不赞成的仅有8.3%。

看来，人慢慢老了，预先好好思考，从容地安排一下自己的死期，还是很有必要的。

44. 引导者的引导

前边说到过，儿童文学中有很多描写老人的杰作。今天我们挑一本来介绍一下，这部作品中有一个非常优秀的老人形象。

要说的是今江祥智所著的《ぼんぼん（小少爷）》（理论社出版），其中有一位名为"左胁先生"的老人。

《小少爷》的主人公小松洋是一个小学四年级学生。从小失去了父亲，后来二次大战中自家的房子也被空袭烧毁，度过了非常悲惨的少年时代。多亏那时到小松家来帮忙的左胁老人，很恰当地引导着少年洋，守护着他的成长。

怎么说呢，当时正是军人耀武扬威的时代，要求男孩子们都得有男子汉气概，包括不能对女性有那么一点点兴趣或者好意，否则就是软弱无能的废物。

在这种情势当中，左胁老人并没有拘泥于世间的眼光，为了洋的成长，引导他走上适合自己的路，甚至不惜充当洋和女孩子的中间人。

关于左胁老人的难能可贵之处，还是看原作才能了解得更加透彻吧。这里我想强调的一点是，很多身处壮年的成年人面对孩子总是习惯于指手画脚，按照自己的想法强行拽着他们向前：小孩子懂什么，听我的就是了。而老人就没那么性急，不慌不忙地顺着孩子灵魂的走向，慢慢地把孩子引导到合适的地方。精彩之处在这里吧。

大人们一般倾向于把自己的想法绝对正当化，然后强加到孩子们头上，俨然一副教育者的架势。而老人的姿态更接近于一个守护者，保护着孩子的同时引导着他们。阅历、年纪积累到一定程度，心里怀有那么一份从容、自在，才做得到这一点吧。

自分にちかえる

之三　回帰自我

45. 格林童话关于寿命的故事

格林童话中有一个关于寿命的故事，非常有意思。简单梗概如下。

上帝创造世界，要给每一种生物定一个寿命。给了驴子三十年的寿命。驴子嫌每天要驮着那么重的货物、痛苦不堪地过三十年，实在太长了，就向上帝请求减寿。上帝给它减了十八年，于是驴子的寿命变成十二年。

然后轮到狗。狗也嫌自己老了以后牙齿松动啃不动骨头，成天哼哼唧唧地过日子实在没有意思，请求减掉十二年，从上帝那里领了十八年的寿命。同样，猴子也嫌三十年的寿命太长，减掉十年，变成二十年。

可是，只有人贪图长寿，嫌三十年太短，希望能够增加寿命。于是上帝把从驴子、狗和猴子身上减掉的寿命一股脑儿地都加给人了。结果，世上的动物只有人获得了长达七十年的寿命。

这样，人就拥有了七十年的寿命。只是，在前三十年过得还像个人样，接着可就是十八年像驴子一样苦不堪言的负重生活，随后的十二年，像条牙口不好的狗一样躺在角落里混日子，最后十年完全退化，像猴子一样老来没个正经样，成了孩子们嘲笑的对象。

故事里边讲的事情，从来都不会完全正确，但是经常会很巧妙地帮我们剜出某种埋在深处的生活真相，毫不客气地摆在我们面前。

大家也可以尝试根据自己的生活经历，编写独具特色的寿命故事吧。想想自己的故事会是什么样呢？没准儿蛮有意思的。

46. 白发引起的思考

某一天对着镜子，忽然发现长白头发了。

发现自己终于有了白发的这个瞬间，大家都会有什么样的感慨呢？不同的人可能感受都不大一样。

有的人看到别人头上的白发，会很兴奋地大叫："哎呀，你长白头发了"，好像别人的白发是件多么有趣的事情。也有的人因为一根白发，掉进"寒风凛冽，梧桐叶，一片、一片，零落……"的心境当中。

我从读者那里得到的反馈中，也有一些涉及生活中与白发有关的内容，经常让人感动、深思。

东京都的一位读者给我写信，有很多内容能够让我更加深入地思考衰老问题。征得本人的许可，我们来介绍一下其中有关白发的部分。

这位读者是一位五十出头的女性，十一岁的时候就开始罹患疑难病症，而且多次误诊，不晓得多少次听到医生宣告自己的"生命只有几天了""已经没希望了"。但即使这样，还是奇迹般地活下来了。

这位女士发现自己长白头发的时候，感到非常幸运、愉快。她的愉快来自："我总算活到了可以称为老人的年龄了！"

可能对于这位女士来说，一根白头发的出现，没准儿意味着在与疾病激烈残酷的竞争中，赢得了特别的奖赏。

知道世上还有人用这样欢喜的心情迎接自己的白发，是不是我们对衰老的态度会发生一点点变化呢？

47. 广度和深度

近年来到处都在热烈讨论着老人福祉的重要性。我们究竟应该以什么样的视点来思考有关老人的福祉问题呢？我感觉，不能忘记这个问题既有广度、也有深度。

我获准参与住友生命健康财团赞助的电视节目《活着》，这个节目的意图是想要描绘出人们各种各样独特的"生活"姿态。

到目前为止，已经有不少涉及高龄者或者老人问题的人们出场，以后有机会可以多介绍一些。这里，讲一位医疗护理向井洋江女士的发言，可以让我们更深入地思考这小节标题提示的话题。

向井女士并没有一种"我在帮助老人啊，我在为老年人的福祉做贡献"的自命不凡，而是觉得自己做这些事情再自然不过了。好像除了这件事，想不出还能做别的什么事一样。

确实，在电视上看到的向井女士总是自如地跟老人们接触，没有什么刻意而为，一切都那么顺其自然。再进一步，她说道：跟老人接触，最重要的还是深度。

话说，到底什么是"深度"呢？

如果我们以自己为中心来看待老人，应该为他们做这个、应该帮他们干那个，会想到该做的事情有很多，这些可以说是福祉的广度。

如果我们把视线移到老人们身上，用他们的眼光来看他们自己，这样的生活态度就会引导我们体验到另一个维度——深度。

人究竟为什么活着？这个提问有无限的深度。移动视线，就可以不断地向自己提出这一类的问题。

48. 抹布带来的醒悟

有一位上了年纪的女性，对宗教的关心日渐浓厚。以前，她对宗教从来不感兴趣。家里经济状况比较好，日常无须家务缠身，所以有条件整日精神焕发地参与各种各样的社会活动。

旁人看上去，她真是过着一种无忧无虑、令人羡慕的生活。但随着年龄的增长，以前很热心做的事情，都渐渐觉得乏味，提不起精神了。于是，就去参加一些宗教性的集会，希望能得到启示。

她一有机会就积极地去听声望很高的宗教家的演讲会，但听来听去好像也没听到什么能触动自己的高论。听听嘛，演讲内容都蛮有道理的，这些宗教家也都是好人，但讲的内容跟自己好像总隔着那么一层，找不到切身的感觉。

正是在这个时期，这位女士做了一个梦。

"听说一个很有名的高僧演讲，连忙赶去听，结果到的时候已经讲完了。沮丧中，高僧对她说：我教你一件重要的事情吧。听高僧这么说，她心里很高兴，然后就看见僧人递过来一块抹布。很是疑惑：这是怎么回事儿？满心不可思议时，醒来了。"

醒来后，她一直在琢磨这个梦到底是什么意思呢？慢慢地终于领悟到，比起到处去听一些很宝贵的演讲，可能在家里拿着抹布好好擦擦灰尘更加具有宗教意义。

从此，她对生活中每一件事都沉下心去做。哪怕是完全字面意义上的用抹布擦家里的灰尘，每一下、每一下都用心做到位，绝不糊弄。

我一直很感叹于梦的绝妙之处，对这位女士自我解读自己的梦并且付诸行动的出色表现，更是佩服不已。

49. 心在何处?

在日本,虽说大家都认为对终末期病人的临终关怀做得还很不够,但也在慢慢改进,有那么一点样子了。

以前介绍过,大阪的淀川基督教医院副院长柏木哲夫先生很早就创立了临终关怀的项目,并长年坚持不懈地在做这方面的工作。

跟柏木先生交谈时,他给我讲了下边这个故事。

一位知道自己已经临近死期的患者对柏木先生说过一件事。每天护士到病房来记录体温、了解患者的身体状况,有的人即使人进来了,嘴里问着:"你今天怎么样了啊?",但能感觉出来"心在房间外边"。

但有的护士,人只要一进来,你就能感受

到她全身心都在你身旁陪伴着。

虽说表面上看不出什么区别，但人到了只能"天天就这样在床上躺着的时候，你就有能力非常清楚地看到一个人的心在哪里"。

嗯！这话不由得让人拍案称绝！

我们早已经习惯用语言和外观对人作出评价，但是，临近死亡的人，却能看到人心真实的原形。一个人的心在哪里，一目了然。

如果我们要去看望病人的话，千万别忘了这件事啊。

50. 读者来信

在《读卖新闻》上开始连载的时候，根本不知道这个专栏会发展成什么情况。没想到，从读者那里收到很多来信。写作的过程中，这些反馈给了我很多帮助和鼓励，非常感谢。作为答谢，这里我介绍一些读者来信的内容。

反响最大的是第33节《我帮你做》。

自己没怎么在意的一句话，如果隐含着一种让对方感激的意思，经常会让听的人浑身不舒服。

说话的一方和听话的一方，因各自立场不同而感受不同。大家可能或多或少都有过这种经历吧：自己又没说什么过分的话，对方就发怒了。

在无心说的一句话的背后，能体现出说话

者的真心。

在第 20 节《口琴的记忆》里，我曾问过大家是否有兴趣成立个老年口琴乐团呀，结果真的从东京的读者那里收到了口琴音乐会的通知。

这个口琴音乐会是从小学生到老人一起上台合奏，看上去比仅仅是老人的乐团更加有意思。真的太棒了。

还有读者说，每天读这个专栏，意识到应该抱有能与对方产生共鸣的态度去跟老人接触。自从改变与老人的相处方式后，慢慢在老人身上也看到了相应的变化。

接下来的反馈不是通过读者来信得到的。有人见面时跟我说起，看到《多关心那么一丁点儿》（第 27 节）后，对自己的母亲也注意多关心了那么一丁点儿。听到这样的反馈，看到专栏对大家起到了那么一丁点儿作用，让我为现在做的事情感到骄傲。这个专栏，真是个难得的好机会。

51. 超级老人

最近特别热门的杂志《老人パンチ（老年PUNCH）》中有一篇超级老人的报道，令人惊叹。可能大家都知道了，但在这里我还是简单介绍一下吧。

在莫斯科举行的女子马拉松赛上，有一位从高加索山区来的七十多岁的女性竟然以两小时二十九分五十三秒的成绩夺得第二名，得到了大家的热烈称赞。

这位名为马拉索尼娅·泡布斯卡娅的女性，以前就是有名的长跑运动员，因曾经反对斯大林差点儿被杀。无奈只好逃到高加索的深山里。后来就靠着吃山野里出产的自然食品，每日坚持在山里长跑。

趁着苏联体制改革的风潮，马拉索尼娅女

士想到整个世界的情形已经改变，我应该可以出山了。某一天飘然而至，来到莫斯科参加在自己年轻时代只有男人才能跑的马拉松，然后取得了傲人的成绩。

赛后面对采访的记者说道："现在城市里的年轻人生活在恶劣的空气中，每天吃着大量的肉食，怎么能跑得动呢？"此话正中苦于粮食不足的苏联政府下怀，恰好可以利用她的话题掀起一场摒弃肉食的宣传活动。

讲到这里，估计很多人都发现今天是四月一日（愚人节），我特别给大家供应了一段假新闻[1]。哈哈，谢谢大家给我这样的机会。

今天这一整天，大家有没有享受到很多关于吹嘘超级老人的好故事呢？

（注：此文写于四月一日）

---

1 文中马拉索尼娅·泡布斯卡娅夫人为谐音"马拉松""跑步"编的假名字。开头的杂志名《老人 PUNCH》也是模仿日本有名的杂志《少年 JUMP》编造的。

52. 老人和年轻人的词典

前边我们介绍过阿依努族的人们看到老人们开始说些谁都听不懂的话时，不像我们一样说老人开始痴呆了。他们认为老人离神越来越近了，所以开始说"神用语"（第 30 节）。

看了那一节，有位读者开玩笑说："为了理解我家老爸在说啥，看来得有人编一个神用语词典了。"

根据 NHK 广播文化研究所 1990 年的调查，当时年轻人当中的流行语排前几位的有"ちょー、情けない"[1]"うざったい"[2]"ちがかつ

---

1 "ちょー、情けない"在日语中应该用副词"とても""たいへん"来表示"非常""特别"时，使用了"超"字的音读，破坏了日语原本的构词规则。用来表达自己"很可怜、很惨"的心情。

2 "うざったい"：日本东京都多摩地区的方言，来自江户时代用语うざうざ，表达很多类似的东西不断重复时（转下页）

た"[1]"ちゃりんこ"[2]等。

年轻人的这些创意，大家应该能看出来是什么意思吧。

顺序意为："真可怜、太惨了"；"真烦人"、"别啰嗦了"；"错了"；"自行车"。

年轻人当中还有些其他的流行语，"愤怒、上头""累趴了"等等。前者是强调使用标准语单词的某一个词义，后者是把关西地区仅仅老年人使用的方言扩散到全国。

谨慎一些，查了一下《广辞苑》，好像前者也是关西方言。

咱们不管年轻人那么多闲事了，说说老人吧。其实，老人们平常喜欢说的"神佛不再保佑""感激神佛垂怜"等等，估计年轻人也体会

（接上页）感到的无聊。1980 年代起开始在东京市区的年轻人当中流行。表达"烦人、太麻烦了、真受不了你又来啰嗦"等。

1 "ちがかった"将动词"違う（ちがう）"（不对，错了）按形容词的语法规则进行时态变化。词义没有创新，仅仅是破坏语法规则。

2 ちゃりんこ：以自行车铃铛声的拟音，表示"自行车"。

不出是什么意思吧。谁要是能像把《英日》和《日英》字典合二为一那样，制作一本《老人／年轻人词语对照字典》就太好了。

随着时代慢慢变化，想象一下这样的场景：父母和孩子、上司和部下交流时，人手捧着一部字典，听一句、赶紧查字典、答一句，然后对方听了、再查字典、再答……

哈哈。

53. 精神的流向

说心里话，就这么慢慢变老，真不是什么能让人高兴的事情。眼睛越来越看不清楚，耳朵也听不明白了。不管怎么说，反正就是原来很普通的事情，慢慢地，都干不成了。

步入这个境地，听到"智慧老人"这种词儿还是有点激动。就算是好多事情已经不能亲身去做了，但还可以担得起"智慧"的角色吧。活到这把年纪，已经渐渐步入佳境，到达了智慧的领域，你们还不该对我更加尊敬一些吗？

鹤见俊辅[1]的著作《家の中の広場（家中的

1　鹤见俊辅: 1922—2015 年。日本著名哲学家、评论家、政治运动家及大众文化研究者。1939 年将美国的实用主义介绍到日本的学者之一，为战后日本进步文化人士的代表者之一。父亲鹤见祐辅为日本著名政治家，姐姐鹤见和子为日本著名社会学家。

广场）》（编辑工坊诺亚）是一本含蓄、深刻的散文集，里边有一篇《面对衰老的视野》，或许在我们思考高龄问题时能得到很多启示。

想介绍的内容有很多，这里只能挑其中最打动我的一部分。"无论从社会史还是个人史的观点来看，持有一种容忍衰亡的模式，也就是说混沌—秩序—混沌的周期式模式，无疑是有益的。"

人的精神，先从混沌向着秩序前进，但达成秩序以后并不是单方向地继续向着更加严谨的秩序迈进，而是又转回混沌。我们所遵循的没准儿是一个混沌→秩序→混沌这样循环的变化模式。

拘泥于单方向的模式，思维无疑会僵化。要么老人不服老，一味地竭尽全力去模仿年轻人；要么觉得自己已经不能像年轻人那样行事，老人就变成了单纯的废物。这两者都不是我们希望看到的。

如果世界上真有"智慧老人"存在，那智

慧老人一定比年轻人更有智慧去"接受衰亡"，而不会勉强自己在任何方面都不输给年轻人。是这样吧。

54. 父子对话

从前一节鹤见俊辅的著作《家の中の広場（家中的广场）》（编辑工坊诺亚）中再选一篇打动我的话题。

众所周知，俊辅先生的父亲，鹤见祐辅[1]是一位活跃在日本政坛的有名的政治家。

这次要说的是祐辅老人晚年的事情。已经到了卧床不起阶段的老人，在三十年前写的遗嘱中表示希望采用禅宗式的葬礼。

于是俊辅先生通过友人的介绍找到了平林寺的白水敬山师父，希望他能主持父亲的葬礼。

1　鹤见祐辅：1885—1973 年，毕业于东京帝国大学法科大学（学校及学科名称均为当时旧称）。日本官僚、政治家、著作家。曾当选四届众议院议员、一届参议院议员。大学毕业后经新渡户稻造介绍进入铁道院工作。曾作为新渡户的秘书随行渡美、海外讲学、海外视察等。离开铁道部门后，以演讲、著书为生，后参加众议院议员总选举，当选，进入政界。

对方很爽快地答应了。

但是，俊辅先生后来从父亲的友人那里得知，这位友人去医院看望病中的祐辅先生时，祐辅先生谈起过"自己的信仰是基督教"。

即使本人在能够表达时曾经如此明言过，到了后期祐辅先生已经不能说话。这种状况下，互相沟通都是由别人说话，然后自己通过动作、表情来表示肯定或否定。父子两人的对话也只能以这种方式进行了。

听到友人的传话，俊辅先生又一次就葬礼的形式确认父亲的意向，最终了解到本人希望以新渡户稻造[1]先生的信仰贵格会[2]的形式举行。

1　新渡户稻造：1862—1933 年，日本著名教育家、思想家、贵格会教徒。现在流通的日本 5000 日元纸币肖像者。毕业于札幌农学校，后留学美国约翰霍普金斯大学、德国波恩大学。一生致力于日本的教育及农业研究。曾兼任京都帝国大学法科大学及东京帝国大学法科大学教授（学校及学科名称均为当时旧称），为东京女子大学首任校长、东京女子经济专门学校首任校长。日本学士院院士。获勋章多数。

2　贵格会：Quakers，基督教新教的一个教派，也称教友会、朋友会。

结果俊辅先生只能去向白水敬山师父道歉，回绝掉前边拜托他做法事的请求。还算好，得到对方的理解，认为"一切应以本人意愿为重"。

后来，主持祐辅老先生葬礼的渡边义雄氏听到这样的过程，说道："其实贵格会也罢、禅宗也罢，都是有相通之处的。"

作为儿子的俊辅先生后来感慨道："对我来说，年轻时代，作为公众人物的父亲就是我人生的反面教材。但等到他躺在病床上不能动以后，却成为我的人生导师。"

父亲失能以后，父子间的对话还能够让儿子发出这样的感慨，在深处甚至引发了东西宗教的对话，多么让人感动。

55. 无所事事

现在人们总是说，为了愉快地度过老年生活，应该有一个像样的兴趣爱好。或者说，即使已经是老人了，还应该坚持做些有意义的事情。

说得没错。"应该、应该……"的，说得都这么有道理，谁听到都没法儿反驳。但正是这样无懈可击的道理往往演化成僵化的模式，对活生生的人形成威胁。

有一位老人，年轻时开始就一直勤劳工作，不仅盖了自家的房子，还准备好了足够年老以后悠哉悠哉生活的积蓄。退休后，老人与长子夫妇共同生活在家中，含饴弄孙，看上去每日应该是过着无忧无虑的好日子才对。

长子夫妇跟父亲同住以后，也注意关心起

电视、报纸上报道的"老人问题"。可能是关心老人的心情使然，媳妇对老人建议道："退休不工作了，很好的机会，找找有什么自己喜欢的事情做做吧。"

话到儿子嘴里，就更加有说教味儿了："爸，你总得做点什么对人生有意义的事情吧，每天无所事事的，多浪费时间"。

老人不由得悲上心头。对他来说，现在自己最喜欢的事情就是"每日无所事事"。

年轻时没日没夜地工作，为了撑起一个家，认真辛苦工作了一辈子。那时候成天想的就是，哪天能什么都不用干就好了，一定要好好享受享受闲散的日子。

好不容易到了这一天，儿子们一边要把他"最喜欢的事情"夺走，一边又拿出一些说辞，让他"找点儿自己喜欢的事情"做做，怎么想都有那么点不对劲儿吧。

56. 有关护理老人的一点进言

护理老人最需要的，毫无疑问是人手。说到人与人在心灵层面的交流有多么重要，我们真是无法估量。

但是，这种交流不是靠单纯的热情、冲动或者同情就能完成的，还需要扎实的知识和技能以及足够时间的陪伴。没有足够的人力投入，这些都是空谈。

根据最近的新闻报道，在东京举行了日、美、英、德、瑞典五个国家参加的"关于老人护理政策的国际比较"研讨会。

看一下会议的报告，我们就能发现相对于欧美等先进国家，在这方面日本落后到什么程度了。

这方面的改进需要我们今后在实际操作等

各个层面多花心思，包括制定方案以及各种各样的措施。这里我只谈一下自己想到的某些根本性问题。

有心考察一下到目前为止的日本老人政策，就会发现简直可以用"便宜没好货"这一句话概括了。

"便宜没好货"，这句话上了年纪的人应该都很熟悉。过去，日本的薪酬很低，在这样的大背景下，生产出很多质量差劲的东西，出口到世界各地。那时候，欧美各国对日本产品就是这样评价的。

后来的事情大家都看到了。日本奋起努力之后，把产品质量提高到超出别人的水平，现在再没有人说日本产品"便宜没好货"了。

在经济层面，我们已经实现了富足。但看看人们在心灵层面构筑的关系，好像还是没有摆脱过去"便宜没好货"时代的束缚，这一点，我们确实需要好好地反省反省了。

57. 不安和紧张的滋味儿未必都是苦的

前两天登台做了一场汇报演出。宣传广告的名称写得很正式——某某音乐会，其实最早的起因是我到了五十八岁，又捡起了大学毕业以后就再也没有动过的长笛。

既然又拿起来了，每年就会参加一次汇报演出。先不说我吹的音色怎么样，有一点是毫无疑问的——我是台上所有人当中最年长的。

不是没有犹豫。都这么大年纪了，再重新捡起来又能怎么样呢？虽说当时纠结了一阵子，但现在回头看看，还是觉得能重新开始真是太好了。

不管怎么说，到这个年龄还能有机会体验一下正式上台之前才会有的不安、紧张，真是太有味道了，确实有着妙不可言的价值。练习时一遍又一遍花了好多功夫的地方，在台上没吹出理想的效果；不经意的地方又时常会发挥得出乎意料地好，真是太有意思了。

我本人的职业所致，平常在人面前讲话的机会很多。面前坐着上千人，对我来说都不是需要紧张的场面。

所以，听别人说在人面前讲话会紧张、心跳，我老是将信将疑：真的吗？但是到了音乐会的舞台上，我会体验到相同的感觉，终于有机会跟他们共鸣了。

我做演讲倒是很放松，但这根本不等于上台演奏也能轻松自如。这也算是作为人的一个有趣的特点吧。

人一旦开始做一件比较难的事情，作为副产物，会有很多预想不到的体验。今后，就算我没有什么太大的进步，无论如何，长笛还是想尽可能坚持下去。

58. 真心话和不疼不痒的话

四月十日是桑原武夫[1]先生的忌日。参加先生葬礼时正巧是樱花飞散的时节，当时的景象至今未能忘却。为纪念先生的忌日，今天就回忆一下旧事吧。

桑原先生对我来说是云端的大人物，尽管通过其他渠道听说过很多能够反映先生品格的轶事，但直到先生成为众所周知的大家之前，我从来没有直接见到过他。

第一次有机会见到他是在某一次出版纪念的晚会上。

"啊，你就是河合啊"，面对初次见面浑身

1　桑原武夫：1904—1988 年，日本法国文学、法国文化研究者，评论家。京都大学名誉教授，人文科学领域交叉学科研究的先驱指导者。文化勋章、从三等勋一等瑞宝勋章受奖者。

紧张的我，先生马上就畅谈起来。听着他的话，我当时就感觉到："这位老先生只说真话啊"。

人老了以后，特别是社会地位很高的老人，不得不照顾到周围各种各样的角色，需要谨慎行事的场合越来越多。很多人为了保持自己"高人"的形象，不至于撒谎吧，但会习惯说些谁都不得罪、不疼不痒的场面话。

但桑原先生不是这样，对着初出茅庐的我，毫不顾忌地谈着很多超出常识的真实，就这么一次机会，我就被他的人格魅力所俘获。

当时先生说道："文学作品，读到真正打动人的地方，腋下真是能冒出汗来。"说这话时的表情等等，我现在还记得一清二楚。

先生身上超越年龄的、生机勃勃的生命脉动，就这么传达给周围的人。

先生可能最讨厌那种八面玲珑、不疼不痒的话。他是一位能与人产生心灵碰撞的谈话高人。

59. 坏心儿老婆婆的警告

看了一场名字叫《丹尼尔婆婆》的电影（《Tatie Danielle》法国电影）。真是一部名作，希望更多的人都能去看看。

与其说是关于高龄、衰老的主题，不如说这部电影可以让我们好好思考一下"活着"这件事本身。

丹尼尔婆婆是一位相当高龄的老太太，跟一位也算是高龄的保姆在一起生活。

对保姆做的事情，丹尼尔婆婆可是半个眼都看不上，成天挑事儿制造矛盾。比如说，自己把门插悄悄打开，然后指责保姆："看，你又忘了锁门！"

被老婆婆唠叨了好多次，保姆只好去打扫家里华丽的花枝吊灯。结果没想到悲剧发生了，吊灯掉下来竟然把保姆给砸死了。

没有了保姆，生活不能自理的丹尼尔婆婆只好住进了亲戚家。非常好心、善良地接纳了她的亲戚一家又被刁钻婆婆折腾得人仰马翻。

不知怎么的，看着丹尼尔婆婆在亲戚家使坏，观众的恶作剧心理好像也会被激发出来，竟然不由得暗暗地在心里想替她加把劲儿。嗨，人性就是这么难以捉摸。

周围深受其害的善良人们怎么也想不通老婆婆为什么这么坏心眼儿。每次遇到婆婆刁难，大家都在拼命地思考："到底哪里出问题了？"但就是找不到答案。

肯定找不到答案呀，婆婆和她周围的人们完全没有生活在一个世界里。

老婆婆已经一大把年纪，是一边凝视着死亡一边活着的人。在她看来，周围的人不过都是在过家家，假扮"生活"、假扮"温柔"、假扮"善良"。看着一群对生活的真谛还茫然无知的人们，丹尼尔婆婆不停地使坏，给大家拉响警报：不要把人生想得太美了，不如意的事情随时会降临，做好准备了没有？

60. 生存不可或缺的 "恶"

前一节我们介绍了电影《丹尼尔婆婆》，这一节接着说。

老婆婆的刁钻并没有被亲戚们的善意、好心所感化，反倒像火上浇油，愈燃愈烈。而且还真的发展到起了一场小火灾。

所有人当中只有一个人敢跟婆婆当面较量。

这个人就是在亲戚们都去度假时，临时来家里照顾她的兼职姑娘。

婆婆故意把水洒在床上，然后谎称尿床了。姑娘一眼就识破了，伸手就给了婆婆一记耳光。说要跟男朋友约会，请一晚上假。婆婆拒绝她请假后，她扔下一句 "你爱咋咋地"，不管不顾地甩手就跑了。

就这么个毫无顾忌的小丫头，猛力摇晃着

婆婆的灵魂，让她感受到了生存的欢喜。

这个秘密到底在什么地方呢？以前婆婆周围的人都能感觉到她的使坏、刁难，但并不想公然承认这个事实。睁只眼闭只眼，能混过去最好。

大家都不大想承认生活中有少量的恶存在。但这个恶，就像小豆年糕甜品粥中加的那么一点点盐一样。如果没有这样一点点恶的存在，生活的滋味儿就甜得发腻。

婆婆被小姑娘扇巴掌，当然气得发疯。但是两个人面对面地尽情发泄自己的愤怒，共同品尝恶的滋味儿，才能切身地体验到生存这件事本身。毫无疑问，小豆甜品粥里边，谁也不喜欢盐放得比糖还多，那真是无法下咽了。生活也是一样。

61. 医生的痛

八十五岁的老人，勃然大怒。

去东京大学看病，一个"怎么看都不像是个医生"的毛头小伙子出来，目中无人地开始一连串儿的提问。

"今天是几月几号？""100 减 7 等于几？"……

老人火气上来了，就不理你，紧闭着嘴一声不吭。

"你猜怎么着？完事儿后，那家伙竟然把老太婆一个人叫了进去，说你家老爷子痴呆已经恶化得相当厉害了，没治了。搞的是什么鬼名堂，什么东西、狗屁不通的臭小子……"

这是滨田晋在他的著作《老いを生きる意味（活在老年的意义）》（岩波书店）中介绍的例子。

滨田先生作为开业医生[1]，日常接触到很多老人。这本书凝结了他在医疗现场丰富的亲身经历，内容非常好。

在这个例子中，滨田先生认为产生这样误解的原因在于医生墨守成规地用现成的提问来检测老年人的痴呆程度，缺乏对眼前活生生的人的关心和体察。

"医疗时不时地会犯这种错误，把活生生的具有人格的人当作一个客观对象，然后热衷于从对象中抽取病情特征"。这个观点非常尖锐。

但我们也不要对现状太悲观。滨田医生已经在临床医疗的第一线发出了反省的声音。有这样的医生存在，说明日本老年人医疗的未来还是值得期待的。

---

1 开业医生：相对于受雇于医院的医生而言，指自己经营医院的医生。医院规模由扎根于社区的一人单科诊所到大、中、小型综合医院不等。本书中，开业医生数次出场，原因主要在于开业医生可自主决定医院的诊疗方针，比如说加大老年人医疗、临终关怀等领域的医疗资源投入等，符合本书主旨。

62. 名为"自信"的妙药

筑波大学教授小泽俊夫先生是专门研究日本古代民间传说故事的。他曾经跟我讲过这么一件事。

古代民间传说故事，基本上是靠自古以来各地代代口头传承的，因而分散在各地流传下来的故事就成为研究的原始素材。大范围、大量地搜集素材是研究中的一项重要工作，所以小泽教授经常带着自己的研究生到乡下去。一段时间大家都住在那里，分别去采访自己负责的老人们，听他们讲各自记忆中的传说故事。讲的时候会用录音机记录下来。

可是，真有年轻人找上门来，对着老人们说："想听你们讲讲故事"，老人们一般都不怎么情愿。"哎呀，这有什么好讲的呢""不行不行"等等。

开始学生们都以为年代久了，老人们或许都忘记了。对方不肯开口，实在不得已，只好自己有一句没一句地没话找话说。先不管听不听得到完整的故事，能聊一聊也是好的。聊天中，才发现其实故事情节他们都是记得的，只是觉得："现在电视上讲的那些故事情节才是对的，我们这些小时候大人们随便讲讲、自己随便听听的肯定都不正规。"

学生们听了很是吃惊。古老的传说故事，就是靠一代又一代人口头讲述传承下来的，哪里有什么"电视里说的才是对的"这种道理，老人们脑子记忆的东西才是真正有着学术价值的内容。这么劝说以后，老人们都高兴起来了："要这么说的话，那就开讲吧"。

一天讲不完，明天再接着来吧。第二天再去的时候，学生们明显地感觉到老人们脸上的气色都不一样了，精神饱满地等着他们呢。

原来自己讲的故事具有很高的学术价值，

比看上去很权威的电视更有价值。明白了这一点，老人们有了自信，这自信又引起心态上的变化。

这个例子应该能引发我们思考些什么吧。

63. 烦心事

随着年龄的增加，麻烦事越来越多。没什么大不了的事情都会觉得力不从心，更别说碰上真正糟心的事情。每到这时都会让人深陷沮丧情绪之中，"都这把年纪了还这么不消停"，很是心烦。

外山滋比古[1]所著《同窓会の名簿（同学会名册）》（PHP 研究所）中有一段副标题《老いてなお愉快に生きる（老后依然愉快地活着）》的文章，描述的大多是看似平淡无奇的日常生活，但我们从中还是能够发现很多"愉快生活"的诀窍。这种领会了生活真谛的感悟，读来颇

---

[1] 外山滋比古：1923—2020 年，日本英国文学家，语言学家，评论家，散文作家，文学博士。毕业于东京文理科大学（现筑波大学英文学科）。御茶之水女子大学名誉教授。

感绝妙。

这段散文是以"北海道那边又来说些烦心事了"开始。

原来对方为了给这边寄回一份什么合同，需要印花税票。不巧正好是连休假期，附近没地方可买，而对方又要求连休结束时马上能收到。没办法只好乘地铁去中央邮局买。但邮局的人非常冷漠地告诉他，印花税票只卖到十二点半，现在时间已经过了。

束手无策的时候，终于想起有一个开旅馆的朋友，就跑去求助。朋友说他们自己不卖，但手头有现成的可以转让给他。就为了这么区区两百日元的印花税票，来回折腾了好几趟，搞得人满肚子无名火。

文章并没有到此结束，话锋一转，继续写道："想到人世间的众多营生，就是靠着这样吧唧吧唧地粘上些花花纸头才能运转起来，不由得一股敬畏之念涌上心头"。

就这样，为一件毫不值得的事情费尽周折，

文章并没有结束在单纯发牢骚的层面。叙事眼看结束，作者的观点却忽然转了个方向，意蕴油然而生。

看着为了一张印花税票四处奔波的自己，站在"人世间的众多营生……"的高度，自嘲。敬佩！

正是这样华丽的转折，帮助我们建立起"老后依然愉快地活着"的方式。

64. 活到 70 了

常把七十岁称为"古稀"，这是取自杜甫的诗，"人生七十古来稀"。

但近来好像庆贺"古稀"的人越来越少。可能因为人均寿命延长到今天这种程度，七十再也称不上"稀"了。不过，要我说也没必要这么拘泥。不管什么事儿，都拿来热闹热闹多好，越多越好。

前一节介绍的外山滋比古所著《同窓会の名簿（同学会名册）》中还有一段七十岁友人的再婚故事。

朋友在电话那头把正事谈好了以后，才吭吭哧哧地说："家里老太婆已经去世五年，我倒是一个人什么都会做，生活没问题。只是总这么一个人过，实在太沉闷了，就想还是结婚吧……"

外山先生听到对方这么说，心里一边回忆着他和去世夫人恋爱、结婚的种种情形，一边由衷地表达了祝贺的意思。

朋友说"女方是从很远的地方来的"，让外山先生甚至猜想到：有多远啊？从菲律宾来的吗？

"无论怎么说，人活到七十岁了再一次迎娶妻子，与其说是浪漫，还不如说是表达了一种即使老了还依然活着的倔强。生命存在，才有了一切。"

这是外山先生的总结语。真可谓生命价最高。

话说回来，我由不得猜想，这位友人在举办婚礼的同时是不是一起庆祝了自己的"古稀"呢？七十岁的婚礼，真是字面意思的"古稀"，值得庆贺！

65. 长寿的两面

希望能够长寿的人应该很多吧，虽然也有人并不这么想。所以世间还是有很多人喜欢研究各种各样的"养生长寿法"，并且坚持身体力行。

记不得是什么时候了，读到过奈良女子大学的森一教授发表的一篇调查报告，记录了从奈良时代[1]到现代的不同职业平均寿命的调查结果。

根据这个调查结果，最长寿的职业人是僧侣等宗教人士。无论什么时代都没有变化。

森教授总结宗教人士长寿的原因为（1）避免饮食过量，身心修行；（2）森林浴的效果和读经时的精神安定。

1　奈良时代：广义指 710—794 年间大部分时期以平城京（现奈良市）为首都的时代。其间有数次短暂迁都，奈良时代还有狭义的定义，多指 710—784 年期间。

可以认为这给我们提示了一种长寿法。我再想想自己，好像整日做着跟这些完全相反的事情，太吓人了。

有一次跟朋友一起喝酒的时候，想起这事来了。因为心里总是惦记着，就想跟朋友们聊聊，说："好像僧侣什么的一直都很长寿啊"。

然后，店里的女主人说："那当然了，每天吃着好吃的，又不用交税，不长寿天理都难容"[1]。

语惊四座啊。我怎么就没想到这一点呢，对一件事情的看法真可以是多彩多样的。

我不是想评价哪种观点正确，说实话各种因素都很复杂，谁也搞不清楚到底什么是正确的。但有一点无可置疑：别再一天到晚在心里纠结得没完没了，怕吃得太好了活不长。畏畏缩缩的干什么！

1　对宗教法人的征税情况：根据日本宪法保障的政教分离原则，国家对宗教法人基于宗教性的非商业经营性收入原则上不征税。所以有文中饮食店女主人之语。

66. 心灵的次生灾害

相对于原生灾害而言，每次的自然灾害总是附带着次生灾害。

地震的时候慌慌张张没有关火引发了火灾，搞得灾情愈发严重。地震难以预防，这也是件没办法的事情。但如果把灾情控制在地震本身的原生灾害范围内，灾后重建工作要容易很多。

联想到人生问题，同样有很多人在次生灾害中苦苦挣扎。举个例子可能更容易说明吧。

从读者来信中看到这样一个故事。本人已经六十岁了，家里有个八十多岁的婆婆。她讲到自己已经到了这把年纪还每天在痛苦的婆媳关系中煎熬，感觉自己实在太没出息了，羞愧不已。

我认为婆媳关系可以说是永远不会消失的

课题。为什么会永远呢，背后的理由在这短短的专栏里说不清楚，以后如果有机会的话，倒是想就这个话题专门讲一讲。这里我们关心的是，这位读者说"到了这个年纪，还搞不定婆媳关系，实在是……"时，她的心情。

不管什么年龄，不管什么时代，婆媳关系不会沉静的。"到了这把年纪""都已经是现在这个时代了"，以这些因素责备自己没有把婆媳关系的问题解决好，不是个好主意。用自己无法掌控的因素自我折磨，可以说是一种心灵上的次生灾害吧。

别想着一蹴而成，总期待着哪一天什么问题都顺顺当当地解决掉，从此舒心生活。如果能认识到婆媳关系本身就是一个需要或者说值得终身为之努力的课题，那么看待这个问题的心态会有所改变，也能够换一种方式接纳婆媳不和的现状吧。

之四　人生的深度

67. 耳垢的传说

有人喜欢掏耳屎。手上闲着没事干的时候呀、坐不定心的时候呀，就开始掏啊掏，然后，就舒服了。

其中，还有人特别喜欢给别人掏耳屎。奶奶坐着，把孙子的头放在自己膝盖上枕着，然后一心不乱地给孙子掏。外人看着都能感受到祖孙间的亲爱，一幅令人陶醉的景象。

我小时候最讨厌别人来碰我的耳朵，实在太疼了。找各种各样的理由四处逃跑。

终于有一天祖母对孙子们，也就是我们兄弟几个说了一件很严重的事情。

祖母认识一个人，也跟我一样很讨厌掏耳屎，直到某一天突然什么都听不见了。找到医生那里，说是耳屎把耳朵都堵死了。医生帮他清理，源源不断地掏呀掏，掏出来好多好多，装了一罐子。幸好，之后听力恢复正常没受什么影响。

听了这么吓人的话以后，我只能忍着痛，再也不敢逃跑了。

这故事给人的印象很是深刻，我家兄弟们到处说给人听，所以"耳屎装了一罐子"的故事在我家周围邻居们当中真是家喻户晓，没人不知道。

祖母去世、我们都长大以后，大家还经常把"奶奶的耳屎传说"拿出来讲，笑得不亦乐乎。

到现在，其实我们谁都不知道祖母本人是不是相信这个故事。

68. 污垢太郎

前一节讲了耳垢，想起了日本的古老传说故事《こんび太郎（污垢太郎）》[1]（关敬吾编）《桃太郎・舌きり雀・花さか爺（桃太郎・剪舌麻雀・开花爷爷）》（收于岩波文库）里的故事。今天我们讲讲这个吧。

这是岩手县稗贯郡的故事，故事名称用的是当地方言。

"很久很久以前，有一个地方住着一对儿懒到登峰造极的老爷爷和老婆婆。每天每天都是一身污垢"。这是故事的开头。

夫妇两人没有孩子，所以就把身上的污垢积攒起来，捏成了一个小娃娃，取名为"污垢

---

1 《污垢太郎》：日语原文为《こんび太郎》，こんび为故事当地的方言，意为"污垢"。

太郎"。

"这个污垢太郎实在是太能吃了，给他吃一升[1]米的饭，他就把一升吃得干干净净，给他做一斗米的饭，他就把一斗米吃得精光。吃这么多，长得飞快，甚至后来吃三斗五升饭都不在话下。"

毫无疑问，污垢太郎成了一个无人可敌的大力士，跟妖魔鬼怪作斗争，"把一个肥得像四斗大酒桶的怪物一脚踢翻，收拾得服服帖帖"。后来他娶了一位美丽的姑娘，把老爷爷老婆婆都接来一起生活，从此过上了幸福的日子。

简直太不可思议了，懒惰到家的老人身上的污垢怎么就能变得如此强大呢？

这可以说是化腐朽为神奇的生动事例，也就是说最差劲的东西转变成最伟大的力量。这算是古老传说故事最擅长的一种绝地反击模式吧。大家平常都认为最最没用的废物，后来成

1　日本旧式度量衡制尺贯法中，1升约等于1.8公升，下述1斗等于10升。

了取胜的关键力量。

　　接着咱们来操点儿闲心吧。这个污垢太郎
和老爷爷老婆婆之间到底算什么血缘关系呢？
从法学、医学、心理学各个不同的视点或许能
找到很多精彩的解释。要我说的话，那我还是
认为他们就是毫不相干的路人吧[1]。

1　日语中污垢的"垢"读作 aka，红色的"赤"也读作 aka。
俗语"赤の他人"意为毫无关系的外人。这是河合隼雄先生利
用谐音的幽默。

69. 服药的准则

下面的内容是一位老人的亲身经历。

随着年纪渐长，身体这里那里都开始出现毛病，只好时不时地跑去医院看医生。而且还不止一个地方出问题，只能这个科看好了再跑去那个科。还算好，一通折腾下来整体恢复得很不错，只是食欲远不如从前了。于是就跟自己的主治医生谈到了这个烦恼。对话过程中，医生了解到老先生是一位非常认真的人，从医院各个不同科室领回来的药都遵医嘱按时按量地全部服下。

听到老人这么说，医生一脸的诧异表情。

"啊？按医生说的用量，你把开的药都吃啦？怪不得啊。那还能有什么食欲？医院嘛，给病人开药的前提就是病人不会好好吃药的。像你这么较真儿，竟然都吃了，这可怎么办呢？"

前边介绍的滨田晋在他的著作《活在老年的意义》（岩波书店）中也提起过他的疑问：医疗现场第一线的医生开出来的药是不是太多了？"总感觉越是庞大的综合医院，这个问题越严重。不好指名道姓，只能说有一位在东京超有名的医院各个科看病的患者，数了数自己拿回来的药，竟然有三十多种。不由得让人怀疑这位老年患者真的把这些药都吃下去了吗？"

医生开很多药的现象，不能简单地下结论指责某一个特定角色。从日本人整体的倾向来看，不同的角色、不同的因素纠缠在一起，集体效应下才产生了这种结果。

但事情可以到这个地步，说明我们还是要做些什么的。现在，是不是应该从最根本的地方开始重新审视一下有关老年人的医疗体制了。

70. 为什么要说 "生命周期"

用这么个煞有介事的标题，好像已经看到了大家不满的样子。先简单解释一下，所谓ライフサイクル (life cycle 生命周期)，指的就是人的一生。专门用片假名的外来语来表达这个意思，并不是单纯追求时尚。这个词近来在心理学范畴和其他一些领域都比较常用，可能有以下的理由。

心理学一贯将重点放在研究随着年龄增长人的发育和成长情况。一般会把人生分为不同的阶段，婴幼儿期、儿童期、青年期等等，看每个阶段都会有什么样的变化和特征。

但是，依照西方模式的进步、发展的观点来看，青年期之后人就停止了成长，接下来走的都是下坡路，到了老年更加悲惨，只剩下一种接着一种的功能衰退。所以作为一门学问，心理学的各学派一贯比较忽视中年以后的研究。

近年来，大家开始反省这种研究现状，认为人的一生应该包含从出生到死亡的整个过程，把人的一生作为整体来看待的主张越来越强烈。也就是说，把衰老、死亡都包含进去，才能构成完整的生命周期。各相关学科的研究应该以整体的生命周期为对象。

这时候，日本的学者发挥了自己惯常的优势，毫无障碍地吸收了欧美的流行趋势，开始频繁地使用"生命周期"一词。

但反过来想想，这些想法在东方根本谈不上是什么新鲜事，东方文化好像历来就很熟悉这种思维方式。

稍微有点年纪的人可能立刻就能联想到孔子的一些有名论述。东方的传统智慧，或许在我们思考生命周期时能发挥巨大的作用。

接下来，我们打算稍微讨论一下东方文化中关于生命周期的思想。

71. 50 岁开始转换方向

前一节我们解释了生命周期这个词。

如果在观察、研究人的生涯时不拘泥于发育、成长的概念，而将从出生到死亡作为一个整体来看待，首先可以举出《论语》的例子作为东方智慧的代表吧。

熟悉的人应该很多，引用一段《为政第二》之四的论述。

吾十有五而志于学；

三十而立；

四十而不惑；

五十而知天命；

六十而耳顺；

七十而从心所欲，不逾矩。

　　所谓耳顺，就是即使遇到与自己意见不合的观点，也能够心平气和地听进去，不急吼吼地跟人争论。

　　在孔子的论述里，老去，不是衰退，而是一种完成的过程。这个意义非常重要。从十五岁到四十岁的阶段，有一种朝着自立的方向一往无前迈进的感觉，到了五十能"知天命"的时候，人生的方向开始转换。这正是人生滋味儿开始丰富的关节点。如果仅仅以西方心理学中的"成长"概念来看，五十岁过后的人生就不值一提了。但可能正是因为有了五十岁节点的方向转换，七十岁时才有可能品尝到某种达到完成状态的成就感。

72. 如何读《论语》

"七十而从心所欲，不逾矩。"孔子的这句话，把老年作为一种完成状态来看待，非常伟大。

借机，我们来看看桑原武夫所著的《论语》（筑摩文库）中，有很多关于论语的新解释，非常新颖。对孔子的这段话也有一番感想。

对人的成长来说，学问、修养起了非常大的作用，但我们不能忘记人终究是一种生物的事实。

所谓"五十知天命"，可能也因为活到五十岁，随着年岁渐衰，也不得不"知天命"了；同样，到了七十岁，即使想"逾矩"，思想乃至生理方面都做不到了吧。

当然，这是在充分认识到孔子论述价值的基础上提出的看法。

读了桑原先生的论述，我在想，孔子的伟大之处，可能正是在于他勇于直视人类生理的局限性，在此前提下形成的思想尤为宝贵。

"学问、修养"固然重要，但是到了年衰的阶段，不必一味地蛮干。修养重要，身体也同样重要。正是出于这种态度，才有了我们这里介绍的名言吧。如果孔子把老年仅仅看作生理性的衰退，就不可能给我们留下这么珍贵的思想。

我们把孔子的语录，当作包含精神和身体的整体存在来看，可能就非常容易理解了。我自由发挥了这么一通议论，可能要惹得研究孔子的专家们发火了：一知半解，瞎说些什么！

73. 印度教的智慧

前边讲到过，就生命周期来说，孔子是如何把人的一生当作一个整体来看待的。今天，我们再来看看印度教有什么样的智慧。

印度教认为度过人生最理想的方式可以归纳为"四行期"。

所谓四行期，就是把人的一生分为梵行期、家住期、林住期和遁世期四个时期。

在梵行期需要绝对服从师父，跟着师父刻苦学习经典、严格禁欲。

这样通过梵行期以后，进入人生的下一阶段——家住期。与父母挑选的异性结婚，找到挣钱养家的工作，经营一家的生计。其中重要的是养育后代，保证子孙延绵，祭祀祖先的香火不断。

　　这个时期，俗世的生活非常重要。对现代人来说，可能整个人生都可以算作是家住期。从这个意义上来看，可以说现代人过完俗世，一辈子也就结束了。但在印度教中，俗世之后还有后半生的两个阶段。

　　第三个林住期，要抛掉在俗世生活中积累、构筑的全部财产以及家庭，同时也从社会赋予的义务中解放出来。远离尘世，隐居修行。

　　经过上述三个阶段，最后迎来了遁世期。彻底抛弃对这个世界的一切执念，乞讨巡礼，在永远的与自性统合的道路上前行，直至离世。

　　了解到这些，不由得感慨其思想体系真有道理，让人能够产生共鸣。只可惜，我们这些现代人是无法依葫芦画瓢的。

　　那么到底该怎么办呢？这个问题还是留给我们大家各自去思考适合自己的答案吧。

74. 用想象给人生加点料

前一节介绍了印度教的四行期。

印度教把人生分为梵行期、家住期、林住期和遁世期的思想非常绝妙，但是我们现代人又不能照搬这个模式生活。那么到底该怎么办呢？

前一阵子去见中村元先生，请教关于印度教四行期的问题。中村元先生在印度教、哲学方面非常博学。他跟我谈到过印度教的文献中有关于四行期顺序的论述，说是人生并不一定需要完全按照四行期排列的顺序生活。

我可是第一次听到这种说法，不由得吃了一惊。我一向认为就算四行期这个思想美妙无比，但对现代人来说非常不现实，实行起来太困难了。但如果像中村先生所说这样，改变下顺序也没什么关系的话，那好像还是可以想想办法的。中村先生历来对人生、学问都抱有非常自由、灵活的态度，那么我也就借他的影响，开始自由发挥地思考起来了。

就这么无拘无束地想着想着，忽然想到是不是能做得极端一点，以某一天作为"梵行之日"、某一天又成为"遁世之日"呢？好像这样也没什么不可以的嘛。

渐渐地，想象活跃起来了。如果这样能行得通的话，我感觉即使在现代依然能够让四行期的思想发挥作用。

动脑筋、想办法，让往后的日子比以前更有意义，好像还是有希望的。不要让思绪到这里就停下来，继续不断地发散下去。

内心充满着对中村先生这一句话的感激之情，学习、了解到各种各样的古代智慧。只要不生搬硬套古人的教条，发挥自己的想象力，一定能把这些智慧应用到我们的现代生活中，给生活增加色彩。嗯，不错，就这么办。

75. 人生中最大、最长的"旅行"

遇到长假连休，很多人都会东跑西跑、到处旅行。其中也有些人第一次去海外旅行，满怀对未知世界的好奇和期待，情绪高涨地踏上旅途。

出门旅行，一般都会事先做好计划。特别是第一次去海外，细细地调查当地的民风习俗，也是必不可少的事前功课吧。

旅行目的地的气候经常会跟自己居住地的气候大相径庭，那就还得考虑要带些反季的衣服了。

比较讽刺的是，一次海外旅行，我们都会做很多很多调查工作，相应地准备所需物品等等，但对自己人生最长的旅行，却往往没有任何规划和准备。

　　这里说的"最长的旅行"指的是"走向死亡的旅程"。记得瑞士的分析心理学家荣格先生（1875—1961 年）在哪里曾经有过相关的论述（到处找，也没找到，实在对不起了。到这一步，我也只好苦笑一下，自己从这儿开始也进入"准备不足"状态）。

　　以前的人对死后的世界好像想得更多一些。世界各地对地狱、极乐世界的记述实在是太丰富了。

　　现代人知道得太多，谁还相信什么地狱啊、天堂的存在。因此，如果问到对死亡有什么计划，会不会很多人都茫然无措，不知该怎么回答呢？

　　如果要想好好地来一场老去的旅行，是不是需要仔细研究、调查一下：旅行的目的地到底是一种什么情况？

76. 老奶奶的实弹射击

每到选举时，喧嚣中时不时会听到一些水面下的议论。"实弹"[1]就是其中一个吧，真不是什么好词儿。关于老人问题，我觉得好像也存在"实弹"的问题。我们来看看是怎么回事儿吧。

前边我们介绍过的法国电影《丹尼尔婆婆》中有这么一段。和婆婆同居的亲戚夫妇两人，夏天准备去度假，到时只能将婆婆一个人留在家里。度假之前，夫妇二人请了朋友来家里玩儿，做了不少好吃的。一边吃着，一边兴高采烈地聊着要去度假的希腊旅游胜地。兴致正高时，婆婆拉长着脸出现了。

1　指选举中能够攻击对手的黑材料。

平常婆婆总是借口自己没有胃口，什么都不好好吃。面对着别人花好多心思做出来的饭，从来都没有爽爽快快地吃过。大家为了能让她多吃点东西，真是煞费苦心。但今天，婆婆根本不用人劝，一进来就旁若无人地拿起点心大口大口地吃，端起红茶大口大口地喝。

婆婆的一举手、一投足都在给度假之前的热烈气氛泼冷水，场面尴尬无比。终于，婆婆自己闹腾累了吧，总算回到自己的房间了。这里的人们刚松一口气，就听见婆婆在房间里把大小便搞了一沙发。

这场面，简直就像是婆婆对着大家来了一场"实弹射击"。

选举中也是一样的道理吧，射击实弹的一方和挨打的一方，双方可能都有问题。

我们该怎么做，老人们才不会搞这种"实弹射击"呢？

电影《丹尼尔婆婆》像是把这个问题摊在我们的面前。就看我们怎么回答了。

77. 也有这样的百岁

德斯蒙德·莫里斯[1]所著（日高敏隆译）《年龄の本（年龄之书）》（平凡社）是一本很有趣的书。

从出生时零岁开始到一百岁，按每一个年龄分段，挑选出现实中实际存在的人物，将其一生相应年龄时段的逸话记录下来。这么一来，对某一种年龄，读者的脑子里就会浮现出相应的行为样式。

在"某某岁的功绩""某某岁的犯罪""某某岁的生涯"这类形式的标题下，描绘出的人物形象，给我们思考人的一生提供了良好的素材。

今天我们抽出其中"一百岁的功绩"来

1　德斯蒙德·莫里斯: Desmond Morris，1928 年生，英国动物学家、人类行为学家、作家。著述有《裸猿》《亲密行为》等。

看看。

这一段举的例子是名为埃斯特尔·温伍德[1]的女性。写道："说起她来，仅仅是活到一百岁就足以称为功绩了。"

为什么这么说呢？因为这是一位很多人都认为"活不长的，而且不会好好死"的人。

她算是一位常理所说的"颓废"女演员吧，过了一百岁还照样每天抽上六十支烟，喝雪莉酒，晚上基本上在外边吃饭，每周得打上三次桥牌。

说她颓废，其实也不过是不上舞台的时候还成天涂着口红，遭人诟病。1919 年的当时，就这样的行为也会受到普遍的责难，大众舆论如此责难一位演员，跟现代的风气简直没法儿比啊。

即使有这样活生生的例子，大概也不会有

1　埃斯特尔·温伍德: Estelle Winwood（1883—1984 年）英国戏剧演员、电影演员，曾活跃在伦敦西区、纽约百老汇，后进入电影界。主演过多部戏剧和电影。

人就此得出结论："我们都应该向她学习，为了长寿，不上舞台表演的时候也要涂好口红"。至于每天抽六十根烟、喝雪莉酒这类事儿，我就更不敢多说什么了。

78. 各自的愿望

如果在电视上看到养老院的话，典型场景一般都是老人们聚在一起跳跳集体舞啊、唱唱歌啊什么的。我们对类似的场景应该不陌生。跟大家在一起搞群体活动，好是蛮好，但我总感觉看上去老人们并不那么情愿。反正我看着他们像木偶一样地跳着舞，挺难受的。我们日本人是不是无论做什么都太喜欢"大家在一起"了？

最近，根据住友生命健康财团赞助的电视节目《活着》出版了一本书《生きる「私」（活着的我）》（大和书房），我负责监修。其中，特别护理型养老院的生活指导员中田光彦氏根据自己的工作体验，谈到要重视老人们各自独特的愿望。他的意见我觉得很有参考价值。

人们经常会说住在养老院的老人们精神颓

废，性格还特别固执。

但中田说道，老人们看上去确实显得意志很消沉。但只要静下心来好好听他们心里到底有些什么愿望，然后鼓励他们，不要觉得住进养老院后这些事就不能做了。无论还有什么愿望，不要放弃，尽可能地去尝试。"这个好像可以想想办法的""那个肯定可以的，咱们试试看吧"。在这个过程中，老人的精神状态就会慢慢开始变化，早就以为已经再也做不到的事情，会重新鼓起勇气去做尝试。努力之后愿望得以实现，人的精神气儿就会跟以前迥然不同。

比如说"想去扫墓"呀、"想吃那家老店的鳗鱼"呀，还有一位九十岁的老年妇女"想乘游轮"的愿望也在各方协作、努力下，都得以实现。

中田继续说道："在这个过程中，老人们切身体会到了各种各样的乐趣，精神状态大为改观。自然，我自己也切身体会到：特别护理型养老院真是个快乐的地方。"

　　大家努力创造条件、协同互助，去实现每一个人独自愿望的过程，就是这么美好。

79. 在哪里安度晚年

再从我们前一节介绍的书《生きる私（活着的我）》（大和书房）中引用一段。

有些老人们希望能在自己习惯的生活环境中迎接死亡。大阪府有一位开业医生中岛启子先生说道，自己开医院的初衷就是希望能够满足人们的这种愿望。

这真不愧为一个非常有意义的举动。

老年人的抑郁症，很多情况下是因为居住地的变更。离开了自己一辈子住习惯的地方，周围的情况都不熟悉。无论现在的物质条件比以前优越多少，总有一种被连根拔起的感觉，情绪越来越消沉。

从这一点出发，"在已经生活习惯的地方安度晚年"确实是一种理想状态。

　　但是，年纪大了谁都会担心吧，生病了怎么办呢？中岛先生正是为了回应这样的需求，自己开了医院。"在老人们身体还健康的时候就经常来往，建立起熟悉的人际关系"。每个月她都会把社区附近的老人们召集到一起，举行些集会活动呀，时不时还会办些烹饪讲座什么的。

　　中岛医生还特别强调了"出诊"的重要性。行动不便时，或者到了卧床不起的阶段，想着医生随时能到自己家里来的，自然就会安心很多。

　　这样，人际关系牢靠的医生能够伴随在身边的话，可能谁都愿意在自己住惯的家里度过晚年了。

　　现在人们都崇尚大医院，中岛医生对我们的时代来说，珍贵无比。

80. 咒语的效用

读了远藤周作所作的《生き上手　死に上手（活得潇洒　死得爽快）》(海龙社)。"死得爽快"，说得真有趣。从书名也能看出，当我们思考老年生活的时候，这是一本能给出很多启示的书。

书中有一个非常有意思的地方，"就像念咒语一样，在心里不断地重复"这句话出现过很多次。

比如说，最近的年轻姑娘有很多让人看不惯的行为。每次遇见，总是很心烦，太招人讨厌了。于是就在心里念叨："不过，比起战争年代，现在这样可是好太多了。"就这样像咒语一样一遍一遍地在心里念叨，渐渐就会心平气和，再看到同样的行为也没那么生气了。

　　其他还有很多远藤发明的"咒语"，都非常有意思。而且，他不是在训导大家应该如何如何，而是像咒语一样仅仅在自己的心底一遍一遍地悄声默念。大家没有察觉这里边有着很深奥的生活智慧吗？

　　不谈"教条""哲学"等等生硬的东西，只是念念"咒语"，心里那股气好像就无影无踪了。确实有那么一种妙不可言的味道。

　　成天气势汹汹地讲道理，好像有点儿太不近人情了。但是仅仅因为没办法，就委屈自己都憋在心里吧，又有那么点儿不舒服。这时候，"咒语"就发挥出无敌的力量。

　　为了走好我们自己的老年之路，咱们也来给自己想些"咒语"吧。

81. 两个太阳

曾经有一位将近六十的女性，讲述她自己的梦。

静静看着夕阳西下，非常美丽壮观。忽然一回头，发现东边又一个太阳冉冉升起。

用这个梦来描述这位女性当时所处的状态，简直再贴切不过了。

从她的年龄来看，往后的人生基本就只能走衰老的旅程了，西边的"落日"是一个很贴切的表达。但另一方面，好像她本人在堂堂正正地宣言"从现在起我真正的人生就要开始了"一样，另一个太阳从东方升起。

这么说吧，现在到了这个年龄阶段的人们，

大多数人因为时代的影响、生计所迫，都没能有过值得讴歌的青春时代。辛劳一辈子活到快六十岁，生活安定下来，总算能够喘一口气了。加上时代进步思潮的影响，人们长期受压抑的愿望开始苏醒，发现了讨回青春时代的好时机。

这样看来，两个太阳的意象非常契合她的情况。但是，现实中到底该怎么办呢？

古老传说中有"征伐太阳"的故事。世上如果同时存在两个太阳就太糟糕了，所以有英雄用大弓射下一个太阳，让它变成了月亮。

按照神话的启示去征伐太阳呢？还是说很幸运自己能有两个太阳，那么就过两个太阳的日子呢？如果选择后者的话，没有月亮也就意味着没有晚上，无穷无尽地过着阳光耀眼的日子，会不会产生其他麻烦呢？或者再发动智慧，想办法让后来升起的太阳加速赶上前者，合二为一又会怎么样呢？

不管做什么选择，都不是一条容易走的路。答案，根本上还要依赖于本人的决断和努力吧。

82. 辞世之语

寒风疾扫后　老木再度萌新芽　河边绿柳行

（木枯や　跡で芽をふけ　川柳）

这是可以称为川柳[1]鼻祖的柄井川柳[2]作为"辞世之辞"流传下来的名句。把河边的柳树比喻成川柳，用即便秋风扫落叶以后还会再发芽的现象，表达了自己对再生的祈念。或者是希

1　川柳：具有五、七、五音节的日本近代的定型诗歌形式。与同样五、七、五音节的俳句均来源于长歌形式的俳谐连歌。与将长歌的启歌部分独立出来、常用文言、以优雅见长的俳句不同，川柳由长歌的承接部分独立而成，因而没有俳句严格规范的季节词语、韵律、断句的要求，多用现代白话语言，描写日常世俗场景，诙谐，属于大众通俗文学形式。

2　柄井川柳：1718—1790 年，日本江户时代的俳句诗人，公认的川柳鼻祖。

望自己死后，本人创造的川柳也能够延绵流传下去。

事实上，众所周知，在柄井川柳去世以后，川柳这个诗歌的形式确实生生不息，直到现在依然有很多川柳爱好者活跃着。

柄井川柳去世的时候虚岁七十三，在当时属于相当地长寿了。即使这样，还写出这么饱含再生愿望的词句，真是新颖别致。

中西进[1]的著作《辞世のことば（辞世之辞）》（中公新书）中记载了很多辞世的感言和解说，有深刻的意义。这一节开头柄井川柳的《川柳》也是引自这本书。

我是个对俳句、川柳都没有太大兴趣、不解风情的人。但说到辞世、说到死亡、说到衰老，这些能够启发我们思考相关问题的话题，还是会吸引我。虽说不是作诗的那块料，因为

1　中西进：1929 年—，日本教育家、文学者（日本文学、比较文学）。东京大学文学博士。国文学馆馆长，国际日本文化交流中心名誉教授，大阪女子大学名誉教授，京都市立艺术大学名誉教授。文化功劳者，文化勋章受奖者。

这个缘由，在这儿也斗胆引用一下川柳什么的吧。

前边说到的这本书中还有很多辞世的诗歌，再引用一段我喜欢的。

爱犬如今在何方，今宵怀思入梦乡

——岛木赤彦

（わが家の犬はいづこにゆきぬらむ

今宵も思ひいでて眠れる）

死亡是一件极其非日常的事情，同时又相当地日常。爱犬的形象非常有意义。

83. 老人的使命

20 世纪 20 年代，瑞士的心理分析家荣格曾造访美国的普韦布洛印第安人 [1] 部落。

他在那里看到的老人有着欧洲老人无法比拟的"悠然沉着"和"风度"。心生羡慕，一心想要搞明白其中的奥秘。

荣格尽可能找当地人聊天，渐渐关系密切以后，大家开始对他敞开心扉，谈到了他想知晓的"秘密"。

这些印第安人认为自己住在世界的屋脊，是太阳之子。部落举行的宗教仪式，就是在帮助伟大的太阳父神成就伟业。他们坚信"帮助父亲完成伟大的横贯天空的事业，不仅为了我

1　普韦布洛印第安人：Pueblo，在亚利桑那州和新墨西哥州地域密集定居，主要从事农业。

们自己，也是在为全世界造福"。

当然可以把这当作无稽之谈，付诸一笑。但荣格敏锐地觉察到老人们的高雅风度正是来自于此。"伟大的太阳神是所有生命体的保护者，自己的工作辅助着太阳初升到日落西山的整个运行过程。"这种思想有着某种"宇宙论性质的意义"（引自《ユング自伝［荣格自传］》，みすず書房［美铃书房］）。

在人们普遍认为欧洲就是世界中心的年代，荣格就有这样的认识，实在让人惊叹。比起1920年的当时，现在的情形变得更加复杂了。

生活在现代的老人，在什么地方能发现自己的使命呢？想要做一个老了以后还能优雅闲适的人，看样子还真不敢稀里糊涂地混日子呢。

84. 与年老双亲同居

一家长子夫妻一直都跟双方父母分居的，但因为婆婆去世了，接了年老的公公来同住。这时候，长子的妻子内心十分紧张，一心想着怎么样才能过好跟老人在一起的同居生活。

长媳起初最担心的是一日三餐的口味，但实际做起来以后，就发现没想象的那么困难。每次端上来的饭菜，公公都吃得很高兴，不停地夸奖：真好吃、真好吃。媳妇受到鼓励，悬着的一颗心终于放下了。总之，万事开头难，第一关算是顺利通过了。

但有一天，媳妇看见公公拿起药扔进嘴里时，也说着"真好吃"。

媳妇颇受打击，蔫儿了好一阵子。原来并不是公公对自己做的饭那么满意，而是在严格注意自己的行为，不管吃什么都不要忘记说"真好吃"。

听到妻子的叹息，丈夫也静静地想了半天。吃好饭，他笑着对自己的爸爸说："老爸，你好像在很努力地夸奖饭'真好吃'哎。"

老爸不好意思地挠着头，老实交代说这是朋友给他的忠告："住到儿子家里，要想不惹儿媳妇讨厌，吃饭的时候一定要夸奖饭菜做得好。"

儿媳妇赶紧说："哪里要那么见外呀！"儿媳妇的一句话引得大家哄堂大笑，家里的紧张气氛瞬时一扫而光。

这类问题或者在笑声中解决，或者搞得阖家鸡犬不宁，可能就隔着一层窗纸。

消解这种紧张情绪以后，才能真正跨进同居生活吧。

开始大家都小心翼翼地互相客气着，然后说开了，就能放松点儿。遇事不断重复循环着这样的过程，慢慢就过成真正的一家人了吧。

并不是一拍大腿，说："咱们一起好好过"，就能万事大吉。这世上，一片好心办成坏事的例子太多了。

85. 拿腔捏调

任何场合，听到拿腔捏调发嗲的声音，都不怎么能让人感到愉快。特别是有些人对着老人说话的时候，专门发出嗲嗲的声音，好像在哄还不会说话的婴幼儿一样，真让人受不了。

甚至有人不仅嗲声嗲气，还礼数周到地使用婴儿语言。

"老爷爷呀，不舒服啦，哦哦，我们换个尿片片吧，哦哦……"什么的。

这个态度很明显地在告诉老人：你不是一个跟我对等独立的存在。但对于说话的本人来讲，他可能根本意识不到这一点。满心以为自己特别把老人当回事，全心全意地在照顾服侍老人。所以说，事情更加难搞了。

把活活的一个人当作猫一样宠着，撸啊撸

的，算是很拿人当人吗？实在不敢苟同。

我们越是珍爱一个人，越是要尊重他的自主性。不是这样吗？以自己为中心肯定不是平等待人。"我在辛辛苦苦地照顾老人"的意识中，"我"是主角，就像为猫服务、撸猫的各种活动，自己是主角，期待的是猫能亲近自己。

在电视或者收音机的播音员中，总有些人遇到采访对象是老年人时，不自觉地就发出一种哆哆嗦嗦的声音。这种，真的希望能少看到一点。

哪一天，我也会变成一个颤巍巍的老人，碰到这样的人来采访了，我一定会回答他："好宝宝，你工作好辛苦哦……乖乖，不哭不哭哦……"哈哈，可能我也就是现在说说罢了，真到了老得走不动的时候，哪里还有这么大的精神气儿。没准儿天天谨小慎微、唯唯诺诺地过日子，突然某一天有电视台的人来采访，荣幸之至，感激涕零，高兴还来不及呢，肯定顾不上说这么解气的话了。

86.《十牛图》的悟道

不知大家是否晓得佛教禅宗里边有一件叫《十牛图》的东西（也称为《牧牛图》）？是表现到达开悟过程的十张图（有时是四张，有时是六张）。

中国的廓庵禅师画的《十牛图》最为有名，下边简单介绍一下。

第一图为《寻牛》，画的是一个牧童在寻找丢失的牛；

接着是《见迹》、《见牛》、《得牛》和《牧牛》，从题目中就能看出描写的是牧童发现牛的踪迹、找到牛、抓住以及放牧的过程；

第六图是《骑牛归家》，放牧结束、骑在牛背上回家；

第七图，突然转折，《忘牛存人》，牛不见

了，只剩下人还在；

第八图，《人牛俱忘》，更进一步，人和牛都不见了，只画了一个圆；

第九图，《返本还源》，画的是河流以及岸边开的花；

第十图，《入廛垂手》，应该是走进城廓向大众伸出渡人之手的意思吧，但忽然有老人出现，描绘的是老人与儿童面对面的场景。

这么一张张看下来，肯定有人要问：到底为什么这就表现了悟道呢？其实内容挺难的，我一下子也搞不清楚其中的奥妙，但最后老人与小孩面对面的场景非常吸引我。

两个人到底在说什么呢？总觉得我们每个人心中都存在着老人与儿童的对话，对话会给我们带来新的启示。

87. 不为人知的乐趣

日野原重明先生所著的《老いと死の受容（接纳衰老与死亡）》（春秋社）中讲到铃木大拙[1]先生的晚年与死亡。

众所周知，铃木大拙先生是活跃在国际舞台上的禅学者。书中讲到的铃木先生各种各样的晚年生活都很有启发意义，这里篇幅有限，我们只能挑选一件事来谈一谈。

铃木大拙因为专心著书，经常长时间坐着

1　铃木大拙：本名铃木贞太郎，英文名为 D. T. Suzuki（Daisetz Teitaro Suzuki），1870—1966 年。日本佛教学者，文学博士。著述众多，其中有相当数量以英文写作有关禅宗的著作，将禅文化传播到西方。被日本哲学家梅原猛誉为现代日本佛学家第一人。与著名哲学家西田几多郎、国文学家藤冈作太郎为学生时代开始的终生好友。文化勋章受奖者，日本学士院院士。主要著作有《铃木大拙全集》40 卷、《禅思想研究》共 4 册、《铃木大拙选集》共 11 卷、《禅的思想》等。

不动。主治医生为了他的健康，建议他每天要坚持散步。

大拙从善如流，每天按选定好的路径，反复往来。为了"搞清楚一共走了多少距离，每走一个来回，他就捡一颗小石子放在家里的石头台阶上"。

看到大拙先生这么做，很唐突地想起了我父亲说过他小时候给我的曾祖父捶背，每捶五百下，可以得到一颗金平糖[1]（当时非常贵重）。

眼前不由得浮现出一幅画面：为了得到奖励的孩子，一心不乱地认真给爷爷捶背；一边给孩子发奖品一边享受着孩子服务的爷爷。多么暖心的场景。

话说大拙又是一种什么情形呢？他每走一个来回就捡一颗石子，当然是为了测量距离，但又何尝没有一种"奖励"自己的意思呢。

为了得到奖励一步一步前行的孩子，给孩

1　金平糖：以白砂糖和不同口味的水为原料混合制成的表面凹凸的小球形日式糖果。由葡萄牙传入。

子奖励的老爷爷,我怎么觉得大拙好像同时兼任着这两种角色,并享受其中。两种角色在大拙身上和谐地共存着。

在大拙这看上去有些孩子气的行为中,飘着那么一点儿禅香。

88. 明惠[1]的死之梦

镰仓时代的高僧明惠上人一生都在记录自己的梦，世上能做到这一点的人不说绝无仅有，也是非常罕见的。

只要读一下他的《梦记》，就能体会到其伟大。我在《梦记》的基础上曾写过一本《明惠 夢を生きる（明惠 梦之生涯）》(京都松柏社、讲谈社＋α 文库)，今天我们就来谈一个明惠自己"认为是死梦"的梦。

梦中，明惠看到在大海的边上耸立着一块巨大的磐石，那里长着花草树木、结满了果实，是一个非常令人神往的地方。于是他运用自己

---

1 明惠：1173—1232 年，日本镰仓时代后期华严宗名僧。擅长和歌，致力于救济众生、普及宗教思想，被誉为华严宗中兴之祖。著述有《摧邪论》《同庄严记》等 70 余种，包括修行 40 年中持续记录的自己的梦境，集为《梦记》。

所有的大神通力把那一带地方连海带磐石、树木花草都抠下来，共有十町[1]一大片，搬回去放在自己家边上。

关于这个梦，明惠本人认为"此梦为死梦，向现世通告来世的福报"。

在这个梦之后三个月，明惠高僧圆寂。以这样的方式赴死，真是令人惊叹不已。

这里我们就不做梦的详细分析了。就此想到的是，这么从容的死亡，一定与从梦境当中已经预知到死亡即将来临有关系。

本书第75节中讲到我们出发去"奔赴死亡的旅程计划"做好了没有呀。明惠高僧是不是因为这个"给现世的自己通告了来世福报"的梦，从而认为自己已经有了完整的死亡之旅的计划呢？

看到这些，我有点坐不住了。我们不能光说说"哎呀，这个梦太奇妙了"就算数了。明

1　町：日本旧时面积单位，1町约等于9917平方米。

惠终其一生，都在进行着严格的修行，所以才会收获这样的梦吧。我们不也应该好好回顾思考一下自己的人生吗？

見えてくるもの

之五　渐渐看明白的事

89. 荣格的死之梦

前一节介绍了明惠高僧的死梦，其实在现代同样会有这样的事情发生。

荣格也是一位非常重视梦的人。在他去世后，听弟子们说他生前曾经告诉大家做过这样一个梦，梦是在告知他要做死亡的准备了。

荣格在这个梦之后，身体就逐渐衰弱，慢慢迎来了死期。但过程持续了将近一年。

梦境如下。

我看到"另一个波林根"在阳光照耀下闪闪发光。然后有声音响起，告诉我这里已经完工，可以做入住的准备了。接着，又看到远方的狼獾（鼬的一种）妈妈正在教小狼獾们跳入小河、学习游泳。

波林根是荣格非常喜爱的一个湖边别墅，没有电力和自来水。这是他经常用来冥想的地方。

荣格通过梦境知道在彼岸"另一个波林根"已经完工。

明惠则把"彼岸"的世界凭神通力给搬回来了。表达形式虽然不同，但荣格和明惠的心中都呈现出接下来要住的地方的意象，而且两个人都判断这是一个预告死亡的梦。如此契合的情形，富有深意。

狼獾母子的画面，也让人感觉到荣格的心灵深处有一种为了投身新世界仍需不断学习的意愿。

90. "长老的教导"在教导什么?

这个应该是犹太人的故事吧。我特别喜欢。

有一位长老会讲很多高深莫测的道理,就收了很多弟子听他讲课。

有一次这位长老说起:"会叫的狗不咬人。"因为爱叫的狗本来就是胆小鬼,所以成天一看见人就虚张声势狂吠的狗,肯定不敢跑过来咬你的,一点都不用怕。弟子们听了,一脸的佩服:到底是长老啊,说得这么有道理。

有一天,长老和弟子们一起散步,突然出现了一条大狗,汪汪汪地狂叫着就冲了过来。

弟子们吓得够呛,但想到长老的教导,都极力保持着表面上的平静,装作什么也没发生。

但是作为老师的长老却抛下弟子们,三步并作两步、一溜烟地跑了。弟子们一看老师的架势，这才慌神儿了，赶紧追着老师也拼命逃走。

总算逃脱以后，一个弟子很胆怯地问老师："爱叫的狗不咬人呀，老师您为什么要逃呢？"

老师被问到头上，不得不回答。"我知道爱叫的狗不咬人，我讲课大家都听得很认真，所以你们也知道爱叫的狗不咬人。可是，没准儿这条狗它自己不知道呀。一想到这点我就慌了，只好赶紧逃跑。"

长老平日的教导总是富有哲理，但好像也不是每时每刻都要严格遵守的。

91. 能够打动人心的说法

收到很多读者来信，非常感谢。反响最大的是第 33 节《我帮你做》。不管是说的一方还是听的一方，都有很多人谈了自己的看法。

可能有人会觉得不就是说话方式的一点差异，有必要这么计较吗？但是人老了以后，就是会很在意一些看上去微不足道的小事。

来信中，也有讲到说话方式的一点改变让老人很高兴的例子。我们来介绍一下。

老奶奶本来就不喜欢外出，受伤以后就完全不出门了。周围的人们总是劝她，不要成天窝在家里，在近处稍微散散步也好。可无论人们怎么劝，老奶奶就是听不进去。

有一天，上初一的孙女儿说："咱俩散步去吧，我就想和奶奶一起散步嘛。"老奶奶马上就收拾好，带着孙女儿一块儿出门了。路上碰见邻居就说："孙女儿想出来散步，非得拖着我一起。"跟别人说话的时候，也可精神了。

"散步对身体好，你要多出去散步"，"我陪你出去散步吧"，比起这些说法，就很能体会到"我想跟奶奶一起散步"这句话中所包含的温情。

比起忙碌的大人，有时孩子们的自然表达蕴含了更多的人情，正是这种温情打动了老人。多么让人感动。

92. 有关孤独

短期去了一趟美国。

完全是因为别的事情去的，但在晚宴等聚会中，衰老的话题时常会出现。可能在美国，"衰老"也已经成为相当深刻的问题。

交谈中大家经常提到，美国的老人都有一种思想准备，年纪大了一个人生活需要与孤独作坚强的斗争。但无论事先想得多么好，真到了那一步，还是羡慕日本的老人能够每天和家人们在一起。

这么听下来，好像在美国有一大帮人以为日本的老人不仅跟家里人一起生活，而且还活得颇受大家尊敬似的。

这让我想起了出发去美国之前，刚好收到了住友生命健康财团的调查报告，报告是关于高龄者所处家庭构造研究的调查统计结果。

从报告的数据可以看出，即使在日本，与家庭成员分居，也就是独居的老人数量具有增长趋势。越是大城市，这种倾向就越明显。话题如果再深入到家庭成员对老人的尊敬，不说也罢。

我们一方面知道"日本因为受西方文化的影响，老人独居的情形越来越多"，另一方面，日本的老人们并没有意识到需要做好抵抗孤独的准备。这么对比下来，日本比美国的情况是不是更加复杂？心里虽然这么想，但聚会的当时，我还是什么都没明说。

93."健康"焦虑

前一段时间去美国是为了参加一个学术研讨会，学会上见到了著名的社会学家艾森斯塔特教授。

教授非常了解日本的情况。晚会上交谈的时候，先生向我发问。"与美国人相比，日本人抽烟多、又爱喝酒，晚上经常看到好多喝醉的人在路上摇摇晃晃的。怎么看都不觉得日本人比美国人更注意健康，可是为什么比美国人长寿呢？"

不愧是社会学家，想来他肯定是到日本时观察到的吧。既然问到我的头上了，总得给出个有点儿水平的回答吧。虽然当时对自己的想法没什么自信，但还是坦率地说出来了。

"也可能美国人对健康生活的态度有些绝对

化，应该这样、不应该那样，因此带来的焦虑也更加严重。不是说抽烟、喝酒对健康有什么好处，只不过日本人活得更加自然一些，放松的心态或许带来了好处。"

当然，我们说"自然"一些更好，并不是说未开化的原始国度更加长寿。不能武断地下结论。

我不过是当场想到了就说说，没想到竟然引得艾森斯塔特先生陷入了沉思。过了一会儿他说道："看来，有必要好好研究一下日本式焦虑和欧美式焦虑之间的差异了。"

94. 阿弥陀的剖胸

在我就职的国际日本文化中心有一位同事，叫山折哲雄[1]。有一天我向他请教："佛像当中，有没有脸上一副痛苦表情的？"大家都很熟悉吧，山折是很博学的宗教学家。

本书的第 37 节题为《能安详离世就好了》，讲到加拿大北部印第安人非常重视是否能以安详的面孔离世。

这段内容也得到了读者们的热烈反馈。其中有一位读者谈到自己的亲戚临终时受尽了折磨，非常痛苦。死去后，大家努力抚平他的脸容，看上去平静了很多，但过不了一会儿，又

1　山折哲雄：1931 年生于旧金山，1937 年回日本东京。日本宗教学家、评论家，专业为宗教史、思想史。国际日本文化中心名誉教授（曾任所长），国立历史民俗博物馆名誉教授。

变成一副痛苦的样子。到现在想起当时的情景来都还觉得心痛。

那以后，我心里一直惦记着这件事。所以才有了向山折提出的问题。

山折马上就明白了我提问题的意图，告诉我，虽然他没见过颜面痛苦的佛像，但有一个"阿弥陀剖胸"的故事应该有关系。

限于篇幅，对于这个故事我不作详细介绍了。简单说就是有一位姑娘为了孝顺父母不得不剖开自己的胸膛。阿弥陀为了救姑娘一命，代替她剖开了自己的胸膛。

听了这个故事，我想那些带着痛苦表情死去的人，没准儿也是承担着活在人世间的某一个人的痛苦。

说起"安详的容颜"，肯定存在着超出我们这些世俗人想象的"安详"。

95. 给自己的送葬曲

有一种音乐叫作葬礼进行曲。伟人、名人去世了，在长长的送葬队列行进的过程中，总是反复地播放着肃穆的乐曲，就是葬礼进行曲。

今天要说的不是这种葬礼进行曲。

说到自己的"葬礼"到底应该怎么办，大概不少人都在思考，同时也在困惑吧。

看看最近报纸的讣告栏，时常会看到"遵照逝者遗志，不举行告别仪式及葬礼"的通告。读者当中也有讲到自己打算办与宗教信仰毫无关系的葬礼，不需要僧人念经超度，也不需要法名。

有一次无意中听到收音机里有人说自己去世的时候，能在自己的告别仪式上放这首曲子就好了，不需要请僧人来念经。他讲的是莫扎特的乐曲。

实际上，我也曾经想过自己的告别仪式上放放音乐什么的，想到的也是莫扎特。看来有人跟我持同样的想法嘛。

我纯粹瞎猜测一下。如果作一个问卷调查，问一下大家想给自己选什么样的"送葬曲"，没准儿莫扎特会拔得头筹。可能性很大吧？

现在是多元化的时代，葬礼的形式慢慢也会更加多样化吧。

96. 被牛牵着……

有位七十多岁的妇女来做心理咨询，说起自家大儿媳妇性格恶劣，有没有什么好办法治治她呢？

听她长时间滔滔不绝地讲儿媳妇的坏话以后，我跟她说："你听说过被牛引导着去了善光寺拜佛的故事没有？你家的大儿媳妇就是那头牛啊。"

年轻的读者可能不知道什么是"被牛拉着去拜佛"，简单解释一下。

很久很久以前，有一个非常贪婪的老婆婆看见不知从谁家逃出来的一头牛，就想抓住领回自己家。牛在前边逃，老奶奶被自己的欲望驱使着跟在后边猛追，终于跑到了信浓地区[1]的

1　信浓地区：旧时地名，在现在的长野县和岐阜县境内。

善光寺[1]。然后，忽然间牛消失得无影无踪。老奶奶因为被引领到当时的信仰中心善光寺，于是菩提心起，皈依佛门。就是这么个故事。

一心贪婪，不知不觉中被引领到信仰的道路上。

这位女性听到我唐突的回答，愣了一下。心里可能还是预感到什么了吧，在那以后还是继续来咨询。每次说起"儿媳妇这么坏，真没什么好办法吗？"我都回答她："还真没什么好办法。"

就在这么反反复复的过程中，这位老太太开始对宗教产生了兴趣，慢慢找到了信仰的道路。

这位老太太刚来我这里说起儿媳妇的坏话时，我就有一种直觉：儿媳妇的问题可能只是一个入口，她内心应该是开始在与衰老和死亡抗争。所以，才提示了一句"被牛引导着……"。

---

1 善光寺：约6—7世纪建于日本长野县长野市的无宗派佛教寺院（在日本佛教发展出各种宗派之前建立的寺院），本尊为公认日本最古老的一光三尊式阿弥陀如来像。

97. 衰老和性

在第 94 节《阿弥陀的剖胸》中讲到向山折哲雄请教问题的事情，前一阵子又读了这位山折哲雄的著述《臨死の思想（临死的思想）》（人文书院），其中有不少关于衰老和死亡的内容，收益颇丰。

讲讲里边的一段评论，《性のなかの生死（"性"中的生死）》，特别令我心动。

山折一边讲述着自己住院、手术过程中的体验，以及参禅的修行体验等等，一边渐渐将读者引入深层意识的领域。

经过这样的准备，来到西藏拉萨的布达拉宫，走进活佛的冥想室。环顾周围，男女神佛的合欢像映入眼中。

"在应该是最神圣的冥想室内，安置着男女

神佛互抱着的合欢像。"

关于这一点，山折讲道："一般来说，普遍认为这种密教是佛教的堕落形态"。接着他以个人体验为基础，继续谈了自己的想法："但这种令人不愉快的怪诞意象、情色的意象，也不过是人类深层意识急速浮现到表层的结果吧"。

我们在思考老年问题的时候，"性"也是个无法避免的事项。通过山折的讲述，我们能够感受到这个话题与各自心灵深处的宗教性有着深刻的联系。这一点，我很受启发。

98. 冬去春来，草木重生

前一节，我们说到思考老年问题时，"性"是无法回避的。

近来，经常可以见到讨论老年与性的评论与书籍等等。以前，人们说到老年人与性的话题，都感觉有那么些猥琐的意思在里边，很难在公开场合讨论。

近来，这样的误解总算有些消除了，"老年人与性"的话题不再是禁区。能够比较开放地讨论这个问题，无疑是件令人高兴的事情。

话虽这么说，但毫无顾忌、大大咧咧地谈论这个话题，没准儿在什么地方反倒歪曲了问题的本质。

但无论如何，把这个话题逼到阳光照不到的阴暗处，肯定不可取。真是左右为难，怎么说都把握不好分寸。

以前，波多野完治[1]先生曾经在《读卖新闻》上以《老いと回春（老年与回春）》为题讨论过这个问题。正面挑战"性"的话题的同时，文章又写得非常优雅、有品格，让人心生钦佩。

波多野先生这样的人物要是能给我们专门写一本《老人与性》的书，那就太让人感激不尽了。可惜，没这么现成的好事情，咱们只能自己动动脑筋了。

我之前就一直主张，每个人在其一生中，总要经历过几次"死与再生"。结婚也是这样，经历过几次离婚和再婚，是很有意义的。当然，这个离婚和再婚的对象，最好是同一个人。

就像波多野先生在他的散文中用到的"回春"这个词，很有启示意义。人生当中，春天的来访当然不止一次。

1　波多野完治：1905—2001年，日本心理学家，著述众多。毕业于东京大学文学部心理学科，文学博士。御茶之水女子大学名誉教授，曾任御茶之水女子大学教授、校长。

99. 爱自己

我们有必要好好讨论一下"老人与性"的问题，但单独把"性"分割开来思考的话，又伴随着相应的危险性。

在前一节介绍的波多野先生的散文中，讲到冈本一平[1] 在夫人かの子（Kanoko）[2] 去世后，为了排解寂寞去找艺伎。但其感想却是："像做广播操一样，没有一点意思"。

而且，就算有特别喜欢"广播操"的人，大概过一阵子也会因"灵魂"受到侵蚀而备受心灵折磨。

1　冈本一平：1886—1948 年，日本画家、漫画家、佛教研究者。

2　冈本かの子：（OKAMOTO Kanako）1889—1939 年。有翻译为冈本加乃子。日本大正、昭和时期的小说家、诗人、佛教研究者。儿子冈本太郎（1911—1996 年）为日本著名艺术家。

性，不仅是男性和女性的结合，同时具有连接"精神与身体""生与死"的使命。站在这个角度想一下，会有什么样的感觉呢？

性，作为体验恢复某种接触的手段，对于我们的人生有着重大意义。如果忘记了这一点，"性"带来的可能反倒是"分离"的体验。

哲学家市川浩[1]曾经详解过日语中"身"这个字。"切身——强烈地感受到""身亡——永远地逝去""浑身"等等，例子可以举出很多。这些词都表明了人的身体不是一个独立的存在，它同时具有心理和灵魂的意义，在此基础上与整个社会相关联，显示了人的存在自身所具有的整体性 [市川浩，《"身"の構造（"身体"的构造）》（青土社）]。

---

[1]　市川浩：1931—2002 年，日本哲学家、身体理论学者，明治大学名誉教授。毕业于京都大学文学部，在《每日新闻》报社做记者时采访海难事故成为立志转向哲学研究的契机，后进入东京大学人文社会学科继续学习。著述有《精神としての身体（作为精神的身体）》《人類の知的遺産（人类的知性遗产）》《〈私さがし〉と〈世界さがし〉（寻求自我、探索世界）》等。

　　日语中还有个词"御身"——贵体，作为第二人称使用。前边说到"身"，我们是不是可以思考一下，性，不是单纯地爱狭义的肉体之"身"，而是爱"御身"——具有某种崇高意义的身体。这样，性，就不限于狭义的性行为，而具有了广度与深度。

100. 静和动的平衡

这是第 97 节介绍的山折哲雄在其著述《临死的思想》（人文书院）中讲到的事情。

山折曾在印度见到了有名的特蕾莎修女。

等了一会儿，她就来了。"远远地听到哒哒哒的高跟鞋声音一路过来，然后看到修女的身影出现。脚步声非常轻盈，而且走路速度很快，让我大吃一惊。看见她进来时的姿态，就更加吃惊了。衣着打扮甚是清爽，人显得精神饱满，充满青春活力。"

那时候，她已经七十多岁了吧。

山折说他以前心目当中的圣人或者开悟的人，"应该都是一种沉稳安静、岿然不动的形象"。见过特蕾莎修女以后，醒悟到"真正的圣人没准儿就应该是活泼、快乐的"。

　　山折问起特蕾莎修女，在看护临死的病人、一切都不顺利或者自己也很痛苦的时候都是怎么做的呢？修女回答说："祈祷！"有的时候甚至整晚上不睡觉一直在祈祷。

　　祈祷的姿态，与刚才所说的轻快、充满活力，是两个极端，可以说是完全的"静态"。

　　静和动的共存，及两者微妙的平衡，可能正是圣者最合适的姿态吧。

101. 看"人"而不是看"病"

1991 年 6 月 13 日，日本医院学会召开了一个名为"如何构建新时代医疗文化"的研讨会。大家都很熟悉的 NHK 解说委员[1]行天良雄是研讨会的主持人，出席演讲的阵容由历史学领域的木村尚三郎[2]、评论家上坂冬子[3]以及免疫学家多田富雄等赫赫有名的人物构成，甚是壮观。

1　NHK 解说委员室包含数十人规模的解说委员，分别为国际关系、区域国际关系、政治、经济、外交、社会保障、医疗、教育、环境、司法、文化、体育等领域的公众关心话题发表专业见解、解说。

2　木村尚三郎: 1930—2006 年，日本西洋史学者，毕业于东京大学文学部西洋史专业，东京大学名誉教授、静冈文化艺术大学名誉教授。

3　上坂冬子: 1930—2009 年，毕业于爱知县丰田东高中，日本纪实作家、评论家。1949 年入职丰田汽车公司，丰田汽车在职期间的 1959 年发表处女作《职场的群像》获中央公论思想的科学新人奖。著述众多，参与政府国策讨论咨询机构，曾获菊池宽奖、正论大奖等。

从新时代医疗的角度出发，每一个演讲者都无一例外地涉及"老年与死"的话题。这一点给我的印象非常深刻。

想想也是，每个人一生中有可能会患某种特殊的疾病，也可能不会。但只要活下去，衰老和死亡倒是谁都躲不过的。这是任何人都无法回避的问题，所以与会的每个专家不约而同地都谈到这个话题，也是一件理所当然的事情吧。

如果问题的本质涉及全体国民，那么讨论就不应该局限于狭义的"医疗"。我们不大可能把这样一个重任甩给"医疗"就万事大吉吧。

到目前为止的医学，其着眼点主要在于"治疗疾病"。但对手一旦转变成为"衰老和死亡"，那么以"治病"为目标的医疗就需要有根本的变革。没有足够的变革勇气，这件事是做不下去的。

我们把眼光从单纯的疾病转向整体的人，仅仅靠医生、护士就显得力量有些单薄，还需要社会工作者以及像我们这样的临床心理学专业的人士协同努力。由各种不同角色组成的团队工作很重要。

在会上，大家各抒己见、讨论着新型医疗的未来可能性，预定三个小时的研讨会，时间一下子就过去了。

102. 衰老不是疾病

前一节讲到我去参加了一个名为"如何构建新时代医疗文化"的研讨会。会上免疫学家多田富雄先生讲的话给我留下很深的印象。

用简单的一句话来总结，就是："衰老不是疾病"。

多田先生编辑的著作《老いの様式（老年的风格）》（诚信书房）中有许多关于老年问题的有意义的讨论。读这本书时，曾经想最好还是能有机会见到他本人，当面请教一下就好了。

我为了写这个专栏，特意集中读了一些有关老年的书籍，包括一些生物学的书。很多内容都不是那么好懂，所以总是想直接听听专家的意见。

依照多田先生所说，用"生物学"的方式

研究"衰老"时，并不能像生物的生长[1]、分化那样，得出清晰的模式。简单说来，就是现代科学依然没能搞清楚衰老过程中很多现象的机理。

在学术研究对许多事情根本都没搞清楚的情况下，大众对"衰老"的认识倒是有着单一固化的模式，就是"年纪大了，越来越糊涂、无能，然后就死掉"。简单粗暴得有点儿太不近人情了。

尽管话题是衰老啊死亡什么的，听着多田先生的谈话，我不但没有消沉，反倒内心还止不住地涌现出一种热情：好吧，既然谁都不知道是怎么回事，那么我用自己的生活方式来挑战一下，活出自己独特的衰老时代吧。

不要把衰老当作是一种"结果是死亡"的"疾病"，它可以是通向死亡的未知之路的探险过程。听着听着，感觉自己从多田先生那里获得了这样的勇气。

1　生长：生物学指多细胞生物从卵发育生长到成体的过程。

103. 实现梦想的活法

随着年龄的增长，青春时代五彩斑斓的梦想一样又一样得以成就。如果谁的人生是这样的，那简直太惊世骇俗了。

这里"梦想"的含义基本上是指理想、希望等等，也有一种情况，就是完全字面意义的"梦"。京都爱宕念佛寺的住持西村公朝[1]师父在他的著作《千の手・千の眼（千手・千眼）》（法藏馆出版）中说道，二次大战时作为士兵出征，行军途中极度疲劳，一边走一边睡，做了如下的梦。

简单复述一下。

1　西村公朝: 1915—2003 年，日本佛像雕刻家，佛像修理师。毕业于东京美术学校（现东京艺术大学），东京艺术大学名誉教授。勋三等瑞宝章获奖者。制作多座佛像、名僧形象雕塑作品，发表出版多部佛像佛教相关著述。

行军中，在自己旁边有成百上千破损的佛像，都是一副悲伤的表情，排成一列。佛像中，有的没有手脚，有的头被砸破了，个个满脸哀伤。

看到这些佛像，于是对他们说："如果想让我把你们修好的话，就让我平安地回国吧"。说到这里，醒来了。

从那以后，很不可思议，他就再没遇到过很危急的场面，战后回到了日本。这时，他想起了以前跟佛陀许的愿，就到美术院国宝修理所去，修复了无数的佛像。后来成为该所的所长，再后来又成为东京艺术大学的教授，为佛像的研究和修复贡献了自己毕生的精力。

听他叙述的梦，我感到梦中那些悲哀的佛像就是被战争伤害的无数人破碎的灵魂。

现在，公朝师父作为念佛寺的住持，还在继续抚慰着人们受伤的心灵。

104. 写《自传》

有些人不得不跟自己年迈的双亲打交道，有机会遇到处于这种状态的人，我经常会向他们做如下推荐。

推荐做什么事情呢？就是每个星期定下来一个与父母亲见面的时间，利用这个时间听父母亲讲自己过去的事情。把这些回忆作为素材，帮着老人写《自传》。

一开始不要说得太生硬了，什么自传不自传的。不管是什么，只要记忆里有的，感觉有意思的，都慢慢讲出来。根据这些素材整理成文章，然后拿给老人看。

一旦组织成文章，就会发现一些明显记忆错误的地方，或者受到前边所讲内容的启发，又想起了更加详细的情节。每当出现这种情况，就修改、追加。能用计算机打字会方便很多，但也不必拘泥于此，手写下来的一样可以修改。

慢慢地，还可以再考究一点。想想整体的构成还能有什么改进，是不是有合适的照片能加进去啊，等等。完成以后，做上几本册子，"等您米寿时，发给大家看吧"。

在做这件事的过程中，成天沉迷于酒精中的人，到了那一天也不得不保持清醒，少喝一点。看上去已经老糊涂的人，可能会在他回忆讲述的过程中让大家认识到他脑子其实还蛮清醒的嘛。在这个交谈、整理、写作的过程中，会有很多意想不到的副产物，时常令人惊喜。

实际去做一下，真的非常有意思。在此也强力向读者各位推荐一下。

105. "秘密"的功过

在名古屋开业的精神科医生大桥一惠先生在讨论老年期问题时，发表过如下实例 [《岩波讲座　精神的科学 6》ライフサイクル（生命周期）]。

一位七十岁的女性，在五十年前曾经做过伤害别人的事情。最近，老是因为这件事"受到周围人的责难"，非常痛苦，只好来看医生了。

"受到周围人的责难"，其实仅仅是她自己的想象，不过是把别人不相关的言行按照自己的意思加以扭曲解释得出的结论。年纪大了以后，因为这样的"妄想症"而苦恼的人不在少数。

所谓五十年前的坏事，其实也不是什么恶

劣至极的事情。不过是在与近邻发生矛盾时，她曾经给邻居写过一封匿名信。

但本人因为这件事羞愧至极，事后反复咀嚼，憋在心里，跟谁也不敢透露。就这么熬过了五十年，终于无法忍受这般折磨了。

依靠治疗者的安慰和鼓励，她鼓起勇气把心中的秘密说给丈夫听了。不仅说给丈夫听，借此机会丈夫也吐露出常年埋在自己内心的苦恼。这么一来，这位老妇人体会到"即使是每日生活在一起的夫妇，互相之间也是孤独地背负着各自的人生苦恼啊"。体会到这一点，她终于开始好转起来。

秘密，对于人来说，真是不可思议。有的时候因为怀抱秘密，有了奋斗的精神支柱；有的时候又因为跟某人分享秘密而获得勇气。

不过，什么时候、在哪里、跟谁、分享什么秘密，并不是一件简单的事情，需要仔细斟酌。

106. 服"丧"，然后……

近来，拒绝去上学的孩子日渐增多，到底该把这些孩子怎么办，引起了社会整体的关注。还是几年前的事情吧，有这么个孩子给我留下很深的印象。

这是个小学四年级的男孩儿。因为没法去学校来到咨询师这里做心理治疗。

咨询师名为前田供子，引导他做箱庭疗法，于是开始在砂箱中摆起来（见《箱庭疗法研究2》诚信书房）。

箱庭疗法，顾名思义就是在砂箱中按自己的意愿摆庭院、山水或者随便什么场景，操作仅仅如此。如果进行得顺利——就像本例所示——孩子的心灵中深层的内容有机会显现出来，通过这种创造性的活动得到治愈。

这个孩子在砂箱中做了一个看上去很常见、没什么特别的街景。但却在一座楼顶上放了一个十字架。前田刚露出吃惊的表情，孩子就说："再做一个吧"，又拿来另一个箱子跟原来的箱子并排放好，说要去河对面的世界。接着在两个箱子之间搭了一座桥，桥上有一位背着孩子的老奶奶，正在过桥，往对岸走去。

现实当中，不久前这个孩子的祖母去世了。这男孩儿正是从那个时候开始不去上学了。

箱庭疗法的具体治疗过程我们这里只能省略了。但无疑可以认为上述场景是孩子对祖母的一个服丧仪式。这个过程也给予治疗者深深的感动。

像是完成了必要的仪式一样，过后，孩子开始正常地去上学了。

现代人都太忙碌，祖母去世的时候，尽管可能葬礼都按照规矩做过，但真正意义上的服丧却越来越少见了。

在众人都忘却的情况下，这个男孩儿甚至动用了"不去上学"的手段来完成内心对祖母的服丧。可以这么说吧。

107. 依赖和掌控

夫妇双方都渐渐衰老后，有时会毫无道理地厌恶对方。这样的场景中，男女的感受好像是有一些不同的。

女性表达这种厌恶感时，经常会用"湿湿的、黏答答的落叶"来描述，感觉自己的丈夫像片湿乎乎的落叶，成天贴在自己身上，好难受，又轻易甩不掉。有这种感觉的人可能因为忍受不了丈夫像失去生活自理能力一样，什么事情都依赖自己吧。

比起"男性对女性的依赖"，男性表达厌恶时常用的可能是"掌控"这个词。总是被老婆管着，不知道什么时候就失去了自由，万事不可越雷池一步。

"依赖"和"掌控"成为一个对子。这两者

能无意识地同步时，两人表现出来的是琴瑟和谐的夫妇关系。但哪一天某一方一旦意识到了这一点，就会瞬间对这段关系产生厌烦。

安冈章太郎[1]的《ソウタと犬と》[2]（《安冈章太郎集 4》岩波书店）是一部描写渐渐被妻子掌控的老年丈夫的名作，有兴趣的话可以读一下原著。

如果丈夫哪一天突然觉得妻子管头管脚、真让人讨厌的话，可以反省一下自己是不是什么都在依赖妻子，无论大事小事，离开妻子的照顾就没法生活。反过来，女性也一样，感觉丈夫成天离不开自己时，可以反省一下自己是不是管得太多了。这样的话，没准儿能发现事情发展到今天这个地步，并不仅仅是对方的错。能觉察到原来自己也有做得过分的地方，苦笑一下，夫妻关系或许会有好转。

1　安冈章太郎：1920—2013 年，日本小说家。
2　《ソウタと犬と》："ソウタ"为日本男性常用名，同音汉字可以有：聪太、壮太等等。

遇到过很多现实中的例子，如果夫妻关系不好，多观察观察就能发现，仅仅单方面是"恶人"的情形极其少见。

（耳朵边好像已经响起好多好多声音在争辩："我们家这种情况，当然都怪对方不好。"）

108. 女性的视角、外国的视角

一说起禅师，大家脑中的印象好像都是男性。很奇怪啊，为什么女性就不能成为禅师呢？86 节当中讲到的《十牛图》中，为什么也是男性老师和男孩儿，女性为什么就不能出场呢？

其实，非常伟大的女性禅师是存在的。镰仓时代的高僧无学祖元[1]（佛光国师）的高徒无外如大[2]就是这样的人。她获准继承了师父名称中的一个字，并成为师父的后继者。

她长寿超过了七十岁，成为名副其实的老

1　无学祖元：1226—1286 年，禅宗临济宗僧侣，谥号佛光国师、圆满常照国师。出生于南宋，年幼时出家入临安府净慈寺。后应镰仓幕府第八代执权北条时宗之请赴日，入建长寺成为第五代住持，后在时宗新建圆觉寺时，成开山初祖。受镰仓幕府武士集团的信奉。

2　无外如大：1223—1298 年，日本镰仓时代的临济宗尼僧，师从无学祖元。创建禅宗尼五山之首的景爱寺。

师，为临济宗的发展做出很大的贡献。

我是通过研究日本文化的美国女性研究者芭芭拉·鲁什[1]的著作《もう一つの中世像（另一种中世像）》（思文阁出版）得知无外如大禅师的大名。

鲁什教授充分发挥了她既是女性、又是外国人的优势，对日本学者至今为止因传统束缚而疏忽的部分给予充分的关注，写出了非常优秀的著作。其中，对无外如大禅师的关注就是其中之一。

鲁什教授感慨道："这么伟大的人物，在日本国内竟然至今都没有很好的研究成果出现，太遗憾了。因为她的女性身份，才这么一直被忽略的吧。"

1　芭芭拉·鲁什：Barbara Ruch，日本文学研究者。出生于美国宾州，以关于日本中世文学的研究课题获哥伦比亚大学博士学位，曾短期在日本京都留学。曾任教于哈佛大学、宾夕法尼亚大学和哥伦比亚大学，哥伦比亚大学教授。创立"中世日本研究所"，并在京都设立分部"中世日本研究所（京都）"。

　　所以，我们思考"老年"问题时，从女性的视角、从外国的视角来研究研究，没准儿能展现出意外的前景呢。

109."羁绊"和人际关系

看到"羁绊"这个词，会有一种什么印象呢？

可能有的人会感觉它表达的是"纽带"的意思，比如说我们要重视父母和孩子之间的连带关系。这种关系是由强韧的纽带连接起来的，所谓骨肉相连的感情即如此。

但读一下平安时代[1]的故事，可以知道它还有"绊索"的意思。绊马索，即拦住马脚让它们跑不成的绳索。在要出家皈依佛门时，俗世父母的恩情就成了一种阻挠前进的束缚，人世间"烦恼丝"就是这个意思吧。

到了青年期，孩子们都要自立成人，这时

1　平安时代：794—1192 年，指日本自迁都平安京（现京都府京都市）到镰仓幕府成立为止的约 390 年间的时代。

候可能会开始意识到与父母之间的感情纠葛。比起幼儿期父母给予全面保护的骨肉之情的连带感，现在更多地会感到被绳索束缚住、无法行动的拘束。

但我们又不能轻易地得出结论：和父母亲关系越淡漠，人就越容易自立。人际关系的微妙之处在这里也有所体现。

通常的情景是，年轻人长大，既有与父母之间充分的连带感作为基础，又开始觉察到来自父母的有形无形的束缚。不得不拼命挣扎着，努力在对立的两端之间找到平衡点。于是，一个能够自立的成人诞生了。

如果把走向死亡也作为一个完成"自立"的机会，"纽带"和"绊索"之间的关系就具有更深刻、厚重的意义。

老人的周围存在着各种具有连带关系的纽带，同时，对纽带的束缚性质也要有清醒的认识。走到人生这一步，如果还依旧能保持住"自立"之心，老人与外界的"纽带"的意义会更加丰富吧。

　　不仅仅局限于赞美"羁绊"的纽带作用，还能意识到其"束缚"的一面，这种冷静的态度将赋予我们勇气，去迎接有意义的"衰老和死亡"。

110. 以"未济"作为完结

说起老人的智慧，我第一个想到的书籍就是《易经》。

写于三千年前的中国书籍，现在读来依然令人感叹。

现代，人们把"易经"经常理解为算命的八卦，其实易经的本意并不在此。

人类在看自然的时候，山就是山，川就是川，一般来说总是孤立地看待事物。然后再细分，找出各种不同类别的差异之处，探究其中的关系。这种方法提炼升华的结果，带来了近代西方兴起的自然科学。

与此相对应，把山、川当作一个整体，在其中寻找可以称为"自然流动"的形态。《易经》，就是描绘了运用这种思维才能够寻求得到的根源性的意象。这里恰恰蕴含着我们想称之为"老人的智慧"的意义。

《易经》第六十四卦为"未济卦"，就是字面所示的未完成的意思。给人一种一切从这里重新开始的感觉。

六十四卦之前的六十三卦是"既济卦"，表达的是所有的事情已经完成的意象。

这么看下来，好像有点儿奇怪嘛，没有把"既济"摆在最后，竟然以"未济"收尾。但仔细想想，古代智慧蕴含着的深刻含义或许正是通过这样的形式表达出来的。

我们也模仿易经，以"未完成"的状态来给这本书画个句号吧。

「老い」を
めぐって

有关「衰老」
——与多田富雄的对谈

多田富雄（TADA Tomio）

1934年生于茨城县，日本免疫领域的第一学者。东京大学名誉教授。东京理科大学生命科学研究所所长。主要著作有《免疫の意味論（免疫的意义论）》《イタリアの旅から（来自意大利的旅途）》等。

"衰老"没有一定之规

多田：有很多书籍、论文都在谈论衰老的道理啊理念啊什么的，这本书能够给出这么多实践性的建议，实在是难得。读了以后非常吃惊。

河合：能得到先生的认可，深感荣幸。实际上，日常工作中我有不少机会见到一些年长的人，他们经常遇到老年人特有的困惑，会带着很多问题来咨询。但不能把这些个人事例直通通地拿到公众面前来说，只能寻找一条比较迂回的路径。而且，我好像天生就比较厌恶冠冕堂皇的大道理，所以，比起罗列很多抽象的理论，遇到事情首先想到的是我们能做些什么？在这本书里，我大概就是把平常想到的"能做些什么"写进去了。

非常幸运，专栏连载的过程中收到很多读者来信。这样，除了我自己的想法，还能了解到大家的关注点，有互动，写起来就容易多了。书中确实引用了不少读者来信的内容。

多田：还真是这样，有些地方就像是和读者在对话一样。

河合：反响最大的是《我帮你做》这一节。说的是老人与周围人之间的交流。站在老年人的立场上来看，他们会觉得，"说出了我们的心里话，有的时候真是能被不经意的一句话引爆"。从年轻人这里我也得到反馈，"平常还真没注意到这一点，仔细想想确实是疏忽了"。生活中有不少场合，仅仅是因为说话的方式稍微有那么一点点不同……

老人，大多数可能都不怎么喜欢听年轻人用命令的口气说话。再有就是态度，一副我在为你做好事、我对你有很大恩典的样子，就很让人受不了。老人们非常反感这些，但周围的人觉得自己在为老人做事、在照顾功能不健全的老人，居高临下的姿态无意识中就会显露出来。

多田：还真是这样。我的父亲，原本就是个很任性、顽固、听不进别人意见的人，临死的阶段更是变本加厉。那段时间，家里人真没少受折磨。但是就这么去世以后，家人反倒释怀了。想想确实是这样，人之将死，如果某一天突然一下子变得特别通情达理、特别体谅周围的人，说什么都客客气气的，人走了以后，我们作为亲人得多心痛呀。

河合：想说什么就说什么，老人自己也心满意足……不加修饰地互相面对，把自己的个性都暴露出来直接碰撞，说老实话，这种人际关系还真让人难以忍受。但反过来看，可能也正因为生活中有这些碰撞，才能实实在在地感觉到自己是个大活人吧。

多田：没准儿正因为互相这么冲突一下，老人才能维系衰老以后的尊严。这本书令我印象很深的有好几个地方，比如说，有一段写

"从眼睛开始老化"吧（第16节《老花眼之考证》）。其中写到"老化通常从眼睛开始，能不能说是人类的一种幸运呢?"，现实当中，还真是这么样。

生物学意义上的老化有它的特征。身体的各种功能并不是都一起站到起跑线上，一声令下，大家都齐头并进地开始衰老。通常都是一个功能先开始老化，失去平衡后，另一个功能又跟上来。

河合： 读普通的医学方面的书，感觉就是这样，人在不知不觉当中什么都越变越坏，然后就死掉了。所有的进程好像都模式化了，给人一种"没救"的绝望感。

但是读了多田先生著作《老いの様式（老年的风格）》（诚信书房）中很多关于老年的讨论，才知道，衰老具有多样性，衰老是没有固定模式可遵循的。先生不是断言了吗："衰老的进程还是一个未知的世界，不可以简单地下结论"。这样的信息对我来说就是一种救赎。所以，拜读过先生的大作以后，特别想当面请教，直接听听先生怎么看待免疫和衰老的关系。

多田： 现在普遍认为免疫力是针对传染病的抵抗能力。严格来讲，是当有外部物质侵入人体后，身体产生的排除外部侵扰的反应机制。免疫系统在这方面像脑子一样，有一套识别外人的机制。老化以后，这些能力都会衰退。所以老人的死因最终多半都伴随着感染症状。

因此，我就好好研究了一下免疫系统的老化问题。我开始研究的时候，普遍的认知还是伴随着衰老免疫机能也在同步衰退。

可是当你实际动手去研究以后才发现，人有各种各样的功能，有些在很早期就开始衰退，有些随着年龄增长反倒会非常突出地被强化，完全打破了过往的平衡状态。所以，衰老的过程并不是沿一个固定的路径进展，某人的某一项功能会最早开始衰退，另一个人同样的功能没准儿反倒更强了。因人而异，非常具有多样性。

从生物学的观点来看，不得不说，"衰老"

不是一种单一的现象，衰老具有多样性。如果忽视了这一点，有关"老年""衰老过程"的研究就会陷入错误的认知当中。

河合： 人的成长发育过程，虽然有个人差异，但每个人基本上还都是走着差不多同一条路啊。每个年龄段基本上有个大致的预期，到了差不多这个年龄，这个能力就会发育到什么程度，再长大又会有那样的变化。理论上大致是可以这样描述的。

多田： 确实是这样。按目前的认知水平，生物的生长以及往后的发育，基本上是预先编程的。但即使这样，从婴幼儿到儿童的阶段，还是会有各种各样类型的孩子。跟这种现象一样，老人也同样有着各种各样不同的类型。人就得这样才有意思，千篇一律非常无趣。

河合： 真是很有意义。这一点我们得特别地关注一下，否则老了就只能单纯地悲观下去。而且，一个人一旦精神是悲观的，好像身体也会跟着悲观。一种是满心想着自己从今往后只能变得越来越痴呆、越来越没用，另一种则知道自己虽然年纪渐渐大了，但能做的事情还有很多，这个还能干、那个也是可以的。这两种态度表现出的状态会很不一样。

个性是决定因素

河合：说到老年的多样性，以个人差异来解释，或许能说得通。接着我还想请教一下，一个人到目前为止的生活方式以及对人生的思考、态度，是不是会对他进入老年以后的状况产生影响呢？

多田：这一点还不是很清楚。我想，这里说的多样性，并不是指衰老的速度有差异，而是对于每一个不同的人或者个体来说，衰老会以不同的方式出现。

以免疫学的观点看，不同的人到目前为止都生过什么病，会影响到他现时点的免疫反应。积累下来，不同人之间的免疫系统就存在相当大的差异。随着老化，每个人免疫系统的变化过程也有着非常大的偶然性。

河合：人生也是这样，发生重大事件的时机常常具有很强的偶然性。因为某一天见了某个人，或者因为哪天走在路上不当心被绊倒了，等等。这时候不禁会猜测：如果那天没有碰巧遇到那个人，会怎么样呢？看上去这个偶然事件是后续故事展开的绝对性契机，但我们退后一步，把视点拉远一点，或许更能看到事态一定会发展到这一步的必然性。甚至会感觉到，即使不是那一天，那么也必定会有其他的某个日子，让我遇到同样的人。人生总有些事情，就是有这么样一种必然的流向。

多田：免疫反应并不都是事先被编好程序的。遭遇到某一件事情，对该事件做出反应并留下记忆，可以说，免疫的建立过程是遵循这样的方式。而且对各种各样的孤立事件，每个不同的个体会做出的反应也是不同的。每个人遇见不同的事情，做出截然不同的反应，这样积累下来的历史造就了每个人特有的老年时代。

河合：这么看来，老年就是一个人全部历史的集大成啊。但是现在有各种各样的研究表明，不仅是人，其他很多东西都是按照程序在运行。

按程序运行的概念普及渗透后，人们的意识或许就会走向极端，觉得自己不过是按照出生时编好的程序在过日子。现在听您这么一说，在涉及免疫领域时，按程序运行的意义就变得很淡薄了。

多田：还真是这样。脑神经系统啊，心理学领域啊，比较主张因为各种偶然因素形成了每个人的个性和自性。在身体方面，免疫系统也是这样，没有事先预定的轨道，在不同的条件下遇到各种不同的事件，改变着自己的形态。

比如说，同卵双胞胎在生物学意义上是完全相同的。但事实上，不仅仅是性格，免疫反应都会表现出很强的个体差异。

河合：听上去真有意思。双胞胎在身体方面实在太像了，看上去总觉得两人是一模一样的。还有，人们不是经常会说嘛，这样更健康、那样可以预防痴呆等等。不少人深受这些言论支配，不敢越雷池一步。这么缩手缩脚过日子太可怜了，其实，完全可以活得更轻松一点。

多田：是这么回事儿啊。

河合：大家都很认真、努力，是好事情，但反过来也挺吃亏。遵循各种条条框框，自己把自己的世界圈得越来越狭窄，其实很多纠结不已的都不是什么大不了的事情。经常会听到年轻人说："老爸，这样对身体不好，赶紧戒掉吧。"要我说，没必要这么跟自己过不去，年纪大了，适度随心所欲地过日子就好……

我是这么想啊，如果心态更加开放一些，像先生说的那样，看上去偶然的事件必然发生在某人身上，就能编织出每个人具有个性的生活方式。

多田：在生物学方面，也不认为"生长"本身是事先完全定好的。有一定程度的程序，但按照程序发育到某个阶段，完全相同的细胞在某种条件下变成了手脚，在另一种条件下则变成了大脑神经系统。也就是说，细胞本身也在适应环境，这个过程等于背负起了自己的命运。因此，即使从身体的意义上来说，也不是都由遗传决定的。在偶发事件的前提条件下形成千差万别的身体、千差万别的个性。目前这种论点更加能够得到认同。

在这个意义上，具有个性的老年就不单纯是大脑神经系统的问题，我们还需要把视野扩展到包括肉体在内的身体因素等等。

河合：相对于渐渐衰老过程中的多样性，自己以及周围人们的心态是否开放也很重要吧。生活需要一定程度的操作指南，但什么都按照指南来，不敢越雷池一步就有点悲哀了。

多田：就像到了65岁每人发一张免费交通卡一样，这种形式就给人一种大家都在一条轨道上行走的印象。

河合：政府行为或许有不得已的地方，有时不得不划一条线，到65岁一视同仁。作为接受的一方，情况就不一样了。就像是拿到了一张老人执照，被人宣告你已经是老人了，从此你什么都不行啦！

关于老年医疗及老年护理

多田：说到医学是怎么定义衰老的，一般来说教科书上都是这么写着："伴随年龄增加引起的生理功能低下"。看到这样的定义，很自然就会想到，年纪大了，身体就会像书本上的曲线图一样变化。很多医生自己是这么想的，也就给大众植入了这种印象。60岁差不多是这样，70岁就会那样了，按照一定的程序进展。但现实却不是这样。

河合：不是图表画出来的那样，人跟人有着非常不同的多样性。

多田：在这种认识的前提条件下，老人又生病了。叠加上这些偶发因素，事情变得越来越复杂。

到目前为止，依然不存在一种条理清晰的老化理论。我们对老化的认知以及应对方式还仅仅涉及一些局部。

医学领域的情形基本上是这样，皮肤专科的医生只思考皮肤老化的问题；涉及人脑领域的医生只想着大脑的老化；而心血管系统的医生关注点都集中在动脉硬化之类的。大家都是从一个非常狭窄的切入点进去看世界，我把这称为"给馒头剥皮"，剥了一层又一层，越剥越搞不清楚本质是什么。视野扩展到如何整体去看待一个特定的个体，可以说我们大学的医学部并没有提供很好的教育。

河合：真像先生指出的那样，把焦点集中在某一个局部，就比较容易画出图表。没能画出图表、得出明确的结论，就不能称之为研究。所以到处都在搞局部明确的研究，容易出成果。至于整体的人，事情就复杂得多，大家都很茫然，什么也说不出来。老人的情形更是如此。老人医疗的话题，涉及的范围可能要比纯粹的医学领域更加广泛了。

这不单纯是医生的责任。当然，身体相关

的问题无法避免，我们首先需要的是医生。但到底有没有多田先生说的这种老人医学呢？看看我们的现状，疑问点真是不少。更深入一步思考老年医疗的话，不仅是医生，可能还需要从事临床心理以及护理的人们参与进来。多方面的人员一起参与探讨如何护理老人。

多田：确实是这样啊，想想我们面对的对象是如此复杂，怎么能是一个简单的操作手册可以解决的呢？现在的医疗现场可以说方方面面都露出破绽，捉襟见肘。

河合：完全赞同先生的意见。像多田先生所说的那样，照顾这类老人的人们不能简单地按照操作手册行事。但是，比如说对痴呆症的老人该怎么办？操作手册的前提条件就是老人已经痴呆了，把里边的各项规则不分青红皂白地适用于所有痴呆症老人身上，也是一件让人难以认同的事情。所以，老人医疗到底应该怎么样，真是人世间一大难题啊。

特别是在日本，这个问题更加严重。现在

普遍认为痴呆症老人和卧床老人日渐增加是因为长寿，但我感觉，或许正是因为我们现在的某些做法越来越多地制造出这样的老人。

多田：把老人的个性排除在外的操作手册，当然会制造出痴呆老人和卧床老人。

河合：老人们有各自的生活意愿，周围的人同样也有自己的考虑。好像美国已经在很认真地反省老人医疗问题，试图有所改进。

多田：按照很多操作手册式想法，建设环境舒适的老人院，就等于完美无缺的老人护理系统。美国曾经有过建设只有老人的"老人天堂"都市的例子。

结果，天堂没有建成，反倒成了一座地狱。现实情况摆在面前，人们终于想通了，只有老人的老人院是行不通的，要创造年轻人和老人共同生活的环境。这么一来，要做的事情好像又变成了只要回归往昔就好。单纯回归往昔肯定会有不少问题，但以此为参照点，或许能找到更好的途径，去探索适合老人的方案。

河合：应该是1920年代的事情吧，美国在养育孤儿的时候，曾经让他们睡在很宽敞的地方，静静地养着。结果，病的病，死的死。通过这个惨剧才认识到，人就是要大家在一起，热热闹闹地过日子比较好。比起很大型的养育机构，还是像家一样的地方更适合孩子的成长。说的就是这种感觉吧。

多田：花精力搞大型养老院、大型老人城镇，现在看来真像一场噩梦啊。

河合：老人本身也要有主见，不要被流行的"普遍模式"束缚住手脚，应该积极发挥自己的个性、特长，自主思考自己老后的生活方式。

能够说"其实，是这么回事儿……"的生活方式

河合：想换个话题，再请教先生一件事。先生创作了名为《無明の井（无明[1]之井）》的

1　无明：佛教用语，人类存在的最根本的烦恼，因不能理解事物的真实而痛苦。

能剧（剧中主角为一位渔夫，处于脑死状态并成为心脏移植的提供者后，其灵魂显现，追寻生死之别的新创作能剧）。想问一下先生为什么会起意创作这个能剧呢？

多田：器官移植后的排异反应正是免疫学的问题，所以我一直都在关注。近来，与心脏、肝脏移植相关，在日本，脑死亡也成为整个社会关心的话题。

到目前为止的研究结论使得人们普遍认为个体机能都是由脑子决定的，所以讨论的主流观点是脑死亡后可以随意处置人们的肉体。这么做到底合适吗？对这一点，我一直是有疑问的。目前的自然科学分化人体的程度越来越细，因而总是不自觉地把有尊严的生命当作一堆凌乱的碎片，这种状况越来越严重。

我是在免疫学领域工作的，知道不仅仅是脑子，每个人身体的其他部分同样有着与别人截然不同的特质，因而总是竭力拒绝外来者入侵。这就是生命的运行机理，所以个体的生命是包含脑子在内的整体，不能孤零零地把脑子抽出来讨论生或者死。

于是，就想到了是不是能让脑死亡以后的人自己来讲述呢？除了由活着的人来讲述自己死之前被医学零碎化处置的不安，脑死亡后的人还可以提供另一个视角。

到目前为止，我们更多思考的是，如果出现了脑死亡患者，怎么有效地利用他们留下的器官以拯救更多的生命。换位站在被利用者的立场上，由死者讲述自己生前的事情，形式上来说，能剧可能是最合适的形式吧。于是有了这个剧。

河合： 能剧的形式简直太合适了。因为先生的职业是医生，那就更让人佩服了。由脑死亡的人来讲述，在医疗现场可能很难产生这样的想法吧？医学更热衷于研究如何有效地利用脑死亡患者。

或者说得极端一点，医生自己站到了神灵的一侧。一副主宰人类命运之神的架势，让我看看可以怎么用你们？但这次的能剧却不是这样，是脑死亡的人自己来告诉大家他们是怎么想的。能剧这种特殊形式本身，也是保障成功的一个重要因素。

话题再发散一下吧。复式能乐剧不是有前场和后场之分吗？后半场主角登场，开口总是说"其实……"。跟能剧的形式很相像，我们这样的普罗众生，表层生活之下应该都有一个"其实是这么回事儿……"的内容存在。一个人，多大程度上能够意识到这一点，或许意味着我们一辈子过下来，到底有没有真正地活过。

但是如果人的生呀、死呀都被肢解得支离破碎，我们作为人真正生活的那一部分就无踪迹可寻了。

多田：确实，能剧总是在后半场说"实际上……""其实是这么回事……"。如果每个人都能就其人生说出"其实是这么回事"，我想表面之下一定还有很精彩的故事。

河合：到了老年阶段，人好像都有点这种意思。好像也没做什么特别的事情，但回忆起来，还是有不少能说出"其实当时是这么回事来着……"

再想想，好像脑死亡应该也跟我们谈论的话题密切相关吧。但仅仅把脑子看作一个孤立的物体，那么老人的存在真的没什么意义了。慢慢脑子功能退化，越来越老糊涂了，看起来都是负面因素。越活越没劲，就是个废物。

但如果引入"其实是这么回事"的思考方式，那么我们的关注点就不会单单围着脑子转了，或许有机会能发现更具有个性的老年生活方式。但现实中，以脑子为中心的思潮还是很强大的，每个人无形中都受到影响。即使有人能张口说"其实……"，但接下去大概自己也不知道到底该说些什么。

先生创作的能剧，不局限于医学领域，对现代人的人生观或者说生活方式都提出了需要认真思考的问题。这种剧，不知道外国人看了会有什么感觉啊。

多田：公演的时候，来了不少外国人，看上去他们好像蛮有兴趣的。在《纽约时报》上还登了剧评——《用古老的形式追究新问题》，确实受到了好评。

实际上，现在实施脑死亡器官移植的还只限于基督教文化的国家。但即便在这些国家，人们也遇到了一些难以切割的、令人不愉快的问题。有一位来观看能剧的外国著名分子生物学家也说道："确实，我们不得不面对这种极端不愉快的问题。"

河合：回避这些问题，视而不见是行不通的。就像先生说的那样，我们大家都需要思考。其实，就算是思考也不一定能知道下一步该怎么办。看看现状，大家都漠视根本性的问题，仅仅热衷于在局部问题上追求研究成果，总不是长久之计。而且在这种潮流中，谁要是站出来大声呼吁还有这么多问题需要思考，没准儿立马就因为不通人情世故，成为众矢之的……

再回头看看先生想要探究的问题。首先，

它非常难以用单纯知识型的方法去讨论，加上形式又是能剧，难上加难。

多田：确实像你说的这样。以前就这方面的想法，我也尝试写过讨论型的文章，根本得不到共鸣。思来想去，才找到能剧这种表达方式。就算人们都说我偏执、顽固吧，到底还是把这样一部能剧写出来了，我自己相当满意。

人都有自己独特的东西

多田：这本书中有"生命周期"的说法。人确实应该好好思考一下遵循自己生命周期的独特生活方式。这方面，能乐的行当里很早就有世阿弥写的《风姿花传》，其中《第一　各年龄习艺条款》[1] 讲到关于适合每个人生命周期的学艺方法、能剧演员的生活方式等等。

其中有一段内容很让人佩服。说是如果四十四五了还没有什么出息的话，说明你天生

1　见《风姿花传》，王冬兰译，吉林出版集团有限责任公司，2016 年 4 月。

就没什么才能，别用"大器晚成"之类的骗人、骗自己了。一不当心就过五十了，成了老人以后，肯定比年轻时更加成不了什么气候。我理解他的意思是，在一个领域一直做不出成绩的时候，不必固执，不妨换个方向尝试一下。如果换个方向努力一把还能做出来点事情，倒可以算作自己人生当中独特的内容。即使走到体力的极限不能再进一步时，人在受限的范围内还是能找到新的目标。

河合：我对生命周期这个课题也非常感兴趣。读过《九位》（世阿弥的著作，把能剧艺术的段位分为九个等级），一边读一边想了不少。真是非常有意思的书。我们通常会想象艺能都是从低段位顺次升级到高段位，但世阿弥描述的却不是这样，虽然也排序，但顺序本身就很有深意。除此之外还包含有意象形式的表达。

多田：有一句话很有名，叫作不忘初心。说到初心，其实有三种不同的初心。年轻时的初心，往后不同时期的初心，以及老后的初心。

世阿弥在自己的著作《花镜》中就是这么说的。所谓老后的初心，指体力衰退以后依然要根据自己的年龄做出相应的调整，不断地进行创造性的活动。

河合：老后的初心，真是一个非常好的说法。如果我早点能和先生进行这样的谈话，大概还能多连载个十几回（笑）。有关老人的智慧，东方文明中真是有不少真知灼见呀。

每一个不同的老人，都能创造不与他人雷同的老年时代。年龄上去了，一样还需要不断地构筑具有特性的人生，对自己的人生是要有这样的认知。

多田：再接着说一个关于世阿弥的话题。世阿弥用过一个非常美丽的词汇，叫作老年的"谢幕舞"。舞乐[1]中舞蹈者在全剧结束之后，又一次返回舞台，依依不舍地跳一次离别舞台的舞蹈之后，离开舞台。这就是谢幕舞。

河合：真是个充满魅力的词。

---

1 舞乐：伴有舞蹈的雅乐，分唐代音乐系统和高丽音乐系统。

多田：按世阿弥的说法，积累经验就是"功"。到了老年，安住在自己以往的"功"当中，不知进取，人生就停滞不前了。这种情况，他称为"住功"。他非常厌恶这种状态，在"谢幕舞"之前讲到这个。

人生即使积累了很多经验，最好不要居功自傲，无论如何都是过往的事情了。到了人生的最后阶段，还是要向前看，展现出最终的华丽。完成大业后，也要再一次回归舞台，跳过自己的"谢幕舞"之后，再撤退。

河合：这么一说，就能知道老年人为什么这么招人讨厌了，"安住其功"啊！成天张口闭口就是自己年轻时多厉害。

多田：也可以理解成，虽然你年轻的时候这么做成功了，到老了也不要固执于此。算是一种警诫，戒顽固不化。

河合：安住在自己过去的功劳中，不肯谱写人生的终曲，这个说法，真是太美了。我觉得任何人都有能力做到这一点：跳好自己的人生谢幕舞。关键是不要认不清形势，到了老年体力、脑力都衰退的时候，妄图用一番大事业来装点自己的人生，发奋创业或是立志写一本书流传百世，其实用不着的。即便躺在床上，在自己的内心里也有办法成就自己的谢幕舞。

我感觉每个人都可以在心中成就自己独特的谢幕舞，关键要看有没有这个意愿吧。

多田：说到底，有关老年的定义本身就很不清晰。所以每个人按照自己的想法，动脑筋过自己的老年生活就好，根本不需要类似于生活指南一样的指导意见。

河合：是不是可以说，作为基础的规范，指南可以存在，但如果被指南束缚住手脚，就得不偿失了。

这本书最初也写到过，老年的道路是未知的。正因为未知，更需要大家发挥自己的智慧去创造。

无论是年事渐高的老人本人，还是老人周围的人们，有必要从一些固有观念中解放出来。

不过，一般来说固有观念还是根深蒂固的，再加上人年纪大了以后，确实是越来越糊涂，所以无论是谁都很难逃脱这些观念的束缚。

想想我们自己也是多元化的其中一分子，活出自己的个性不是什么做不到的事情。要抱持这种信念在日渐衰老的路途上前行。

取りあげた
本と論文

本书列举的书籍及论文

7『雁と胡椒』埴谷雄高（未来社 1990 年 7 月）

14『とりかへばや、男と女』河合隼雄（新潮社 1990 年 1 月）

15『音楽と音楽家の精神分析』福島章（新曜社 1990 年 7 月）

17『お星さんが一つでた　とうちゃんがかえってくるで』灰谷健次郎編（理論社 1983 年 10 月）

18「市民的自由としての生死の選択」松田道雄（『老いの発見 2』岩波書店 1986 年 12 月）

20「机」阪田寛夫（「飛ぶ教室」37 号　楡成社　1991 年 2 月）

25『生と死を支える』柏木哲夫（朝日選書 341　朝日新聞社 1987 年 11 月）

27『ヨーンじいちゃん』ペーター＝ヘルトリング、上田真而子訳（偕成社 1985 年 6 月）

36『続　一年一組せんせいあのね』鹿島

和夫編（理論社 1984 年 10 月）

　　37『ヘヤー・インディアンとその世界』
原ひろ子（平凡社 1989 年 2 月）

　　38『「寝たきり老人」のいる国いない国』
大熊由紀子（ぶどう社 1990 年 9 月）

　　42『新・死ぬ瞬間』キューブラー・ロ
ス、秋山剛・早川東作訳（読売新聞社 1985 年
5 月）

　　43『命をみつめて』日野原重明（岩波書
店 1991 年 2 月）

　　44『ぼんぼん』今江祥智（理論社 1973 年
11 月）

　　53『家の中の広場』鶴見俊輔（編集工房
ノア 1982 年 4 月）

　　61『老いを生きる意味』浜田晋（岩波書
店 1990 年 9 月）

　　63『同窓会の名簿』外山滋比古（PHP 研究
所 1991 年 1 月）

　　68『桃太郎・舌きり雀・花さか爺』関敬

吾編（岩波文庫 1956 年 12 月）

72『論語』桑原武夫（ちくま文庫 1985 年 12 月）

77『年齢の本』デズモンド・モリス、日高敏隆訳（平凡社 1985 年 5 月）

78『生きる「私」』河合隼雄編（大和書房 1989 年 12 月）

80『生き上手　死に上手』遠藤周作（海竜社 1991 年 3 月）

82『辞世のことば』中西進（中公新書 1986 年 12 月）

83『ユング自伝』カール・ユング　河合隼雄、藤縄昭、出井淑子訳（みすず書房　1=1972 年 6 月　2=1973 年 5 月）

87『老いと死の受容』日野原重明（春秋社 1987 年 3 月）

88『明恵　夢を生きる』河合隼雄（京都松柏社 1987 年 4 月、講談社＋α 文庫 1995 年 10 月）

97『臨死の思想』山折哲雄（人文書院 1991年5月）

98「老いと回春　第2の結婚が有効らしいが……」波多野完治（1990年9月29日付読売新聞夕刊）

99『〈身〉の構造』市川浩（青土社 1984年11月）

102『老いの様式』多田富雄他編（誠信書房 1987年6月）

103『千の手・千の眼』西村公朝（法蔵館 1986年4月）

105「ライフサイクル」大橋一恵（『岩波講座　精神の科学6』岩波書店 1983年10月）

106「死の不安におびえる少年」前田供子（『箱庭療法研究2』誠信書房 1985年2月）

107「ソウタと犬と」（『安岡章太郎集4』岩波書店 1986年11月）

108『もう一つの中世像』バーバラ・ルーシュ（思文閣出版 1991年6月）

本書の
あとがき

后记

最近，有关"老年"的话题，在各种媒体上都特别盛行。走进书店，醒目之处，各种各样关于老年生活的书摆成一长列。

我很久之前开始对老年的话题抱有兴趣。自己还是个小孩子的时候，就成天想着关于人的死亡问题。想这些，当然离不开衰老。我可能生性就是个爱操心的人吧，思想总是先行，担心着将来的不确定性，孩提时代就热衷于预想未来会出现什么状况。

所以，等自己到了现在这个年龄，很自然地就会特别在意老年问题。经常看一些关于老年的书，对媒体的相关报道也很是关心。别人的状况、观点了解得多了，不免有些自己想说的话。比如说，经常能看到大家非常热心地讨论如何"应对"老年问题，有什么样的方法可以防止老年痴呆等等。每个人把自己的意见、想法拿出来讨论，无疑是好事情，但不要陷入一种错觉，好像自己的意见都是对的。

无论怎么说，每一个人应该都有着跟别人

不一样的独特的地方，人生的乐趣也就在这里。无视人生最重要的部分，试图制订一种万人适用的应对策略，这种尝试实在让人难以忍受。

　　当然，不是说一切操作指南、应对方法都是不好的。作为一个参考指标或者提示，无疑有着积极的意义，时常也带来了很多方便。但不能忘记，这些东西只能是一种提示，如果奉为行动的教条，悲剧就会随之而来。

　　我们在书中也讨论过这类内容，现实当中确实有很多老人深受其害。

　　正是在我思考这些问题的时候，《读卖新闻》文化部的宫部修先生问我是否有意就老年问题写一段时间的专栏连载。话题对我来说很有魅力，但一想到每天要连载，而且最好能坚持半年，就有些发怵。压力太大了，很难跨出这一步。尝试性地跟他商量："五十回的话，大概能写出来吧。"话虽这么说，其实五十回也是没有底气的。在跟宫部商讨的过程中，才慢慢了解到，报纸专栏让一个人连续写半年是很少见的事情。能够得到报社的超常认可，感到非常荣幸的同时，渐渐生出了珍惜机会、接受邀约的决心。不过还是要给自己留条后路，事先约好如果中途话题枯竭，感觉没啥可写了，得让我随时能够退出来。

专栏连载开始以后，最让人高兴的是从读者那里收到了很多反馈，连续不断地来。有鼓励我的，有写读者自身感想的，还有自己老年生活相关的经验之谈。有人在信的末尾特意标上自己的年龄，看到八十多岁的老人写得一手好字，真让人感动。

连载，总是伴随着一种恐惧：一旦开始，万一中途无话可说怎么办？读者来信可真是帮了大忙，我从中得到很多启发。其中有一些内容特别让人感动，征求读者同意后，在连载中也有披露，丰富了连载的内容。就这样，在连载的过程中渐渐产生了一种跟读者对话的感觉，这种互动强力地支持着我继续下去。非常感谢在连载过程中读者们给予的帮助。

还有的读者，回忆自己的人生，讲述了很多苦难故事。读着这些来信，感受到无形的责任在肩：这样的读者，在我每天短短的文章中寻求的究竟是什么？数量众多的读者来信，不能一一回复，实在愧疚不已，还望大家多多宽恕。

就这样，从1991年的1月16日起到6月28日在《读卖新闻》的晚刊上登载的110回的专栏内容，后来做了一些修改、调整集成此书。翻开书，左右两页正好容下一个话题。这样，大家在电车上的零碎时间，也可以比较方便地读完一篇吧。

本书就"老年"问题想到的话题，随想随写，所以没有什么阅读的顺序，也不是很严肃的学术讨论。读者如果能从这些短文中得到一点启发，去思考自己的未来，对我来说无上荣幸。

因为最初是报纸的专栏连载，读者范围远远超出了我以前书籍的读者，加上每天的连载确实很辛苦，专栏短文个别内容可能与我以前出版的有些重复，还请各位多多谅解。如果以前就在读我的书的读者，肯定也会发现某些重复内容，在此希望能得到各位的理解。

连载结束以后，在《读卖新闻》的报纸上发表了与免疫学权威多田富雄先生的对谈。能够促成这件事，来自我这方面的愿望。以前读过多田先生编撰的《老いの様式（老年的风格）》（诚信书房），书中先生说了下边一段话，让我深受感动，所以特别希望有机会能当面请教。

为了在自己的内部养育起"老年"这样一个不规则的、不连续的多重构造，我们认为固有观念的转变是必须的。就是说，抛弃"生物是具有规则的连续物体"的固有思想，剥去一层又一层的表皮，从空无一物之处重新出发，或许才能够获得一个前卫的见解。像日本的能剧一样，容纳得下"丑恶的老态中存在极限的美"式的矛盾，对我们来说，或许是必要的。

这真是富有涵义的思想。老年，并不单纯地表现为一条进行性的衰退曲线，衰老过程包含了很多难以理解的悖论。这段话正是给了我们这样的提示。但现实中，固有观念还是紧紧地束缚着我们，一说到老年，就是糊涂、痴呆。不得不说，老年生活，真是不容易啊。

对谈的时候，多田先生引用了世阿弥的"老年的谢幕舞"之词。

舞乐的演员在全剧舞蹈结束后，再一次回到舞台，带着对舞台的恋恋不舍，跳一场深情的舞蹈后，才真正地离开。这就是谢幕舞。

老年的谢幕舞，需要尽可能地表达本人的意愿吧。想要做到这一点，与之能够呼应的清醒认识和充分准备是必不可少的。

书中，从各种各样的著作中引用了一些内容。因篇幅所限很多精彩的内容无法一一录入，但都是非常能发人深省的作品，特别想向读者推荐去读一下原著。对这些著作的原作者，在此表达我深深的谢意。专栏连载过程中，这个项目的策划人宫部修先生提供了很多资料，并每每在我感到要受挫折时给予温暖的鼓励，请允许我在此表达自己的感谢之情。在出版本书的过程中，受到了读卖新闻社出版局的田中宏治、富泽健次两位先生的多方帮助，在此一并感谢。

河合隼雄

本书由 1991 年 9 月读卖新闻社出版的《老いのみち（老年的道路）》文库版更改书名、重新编辑出版。

图书在版编目(CIP)数据

日渐衰老意味着什么/(日)河合隼雄著,李静
译.—上海:上海三联书店,2023.4
ISBN 978-7-5426-8060-0

Ⅰ.①日… Ⅱ.①河… ②李… Ⅲ.①人生哲学-中老年读物
Ⅳ.①B821-49

中国国家版本馆 CIP 数据核字(2023)第 052904 号

日渐衰老意味着什么

著　　者 / [日]河合隼雄

译　　者 / 李　静
策　　划 / 李晓理
责任编辑 / 杜　鹃
装帧设计 / ONE→ONE Studio
监　　制 / 姚　军
责任校对 / 王凌霄

出版发行 / 上海三联书店
　　　　　(200030)中国上海市漕溪北路 331 号 A 座 6 楼
邮　　箱 / sdxsanlian@sina.com
邮购电话 / 021-22895540
印　　刷 / 上海颛辉印刷厂有限公司

版　　次 / 2023 年 4 月第 1 版
印　　次 / 2023 年 4 月第 1 次印刷
开　　本 / 787 mm×1092 mm　1/32
字　　数 / 122 千字
印　　张 / 10.125
书　　号 / ISBN 978-7-5426-8060-0/B·826
定　　价 / 59.00 元

敬启读者,如发现本书有印装质量问题,请与印刷厂联系 021-56152633